奔跑

没伞的孩子必须努力

著

MEI SAN

DE

HAIZI

BIXU

NULI

BENPAO

希望你从这亦如晨光的故事里

汲取饱满的光能与水分，找到勇敢前进的密码

中国出版集团

中译出版社

图书在版编目（CIP）数据

没伞的孩子必须努力奔跑／石磊编著. —北京：
中译出版社，2020.1

ISBN 978 - 7 - 5001 - 6160 - 8

Ⅰ.①没… Ⅱ.①石… Ⅲ.①成功心理 - 通俗读物

Ⅳ.①B848.4 - 49

中国版本图书馆 CIP 数据核字（2019）第 300798 号

没伞的孩子必须努力奔跑

出版发行／中译出版社

地　　址／北京市西城区车公庄大街甲 4 号物华大厦 6 层

电　　话／(010) 68359376　68359303　68359101　68357937

邮　　编／100044

传　　真／(010) 68358718

电子邮箱／book@ctph.com.cn

策划编辑／马 强 田 灿	**规　格**／880 毫米×1230 毫米　1/32
责任编辑／范 伟 吕百灵	**印　张**／6
封面设计／君阅书装	**字　数**／135 千字
印　　刷／三河市嵩川印刷有限公司	**版　次**／2023 年 1 月第 1 版
经　　销／新华书店	**印　次**／2023 年 1 月第 1 次

ISBN 978 - 7 - 5001 - 6160 - 8　　　定价：32.00 元

前　言

　　我们必须明白：在艰难的人生旅途中，你必须勇敢地往前走。

　　从我们成年开始，我们就对自己的人生拥有了决定权，我们可以决定进入哪所大学，我们可以决定考研或是就业或是创业，我们可以决定安逸地做公务员，或是进入外企拼搏……我们的选择太多，但也因此，很多时候，我们不会选择，或者说——不敢选择。

　　其实，我们面前的路很简单，那就是一条通往梦想的道路。而在这条道路上，我们或许会陷入孤寂的情景而无法自拔，或许会被欲望滚滚的世界所诱惑，或许会因爱情而患得患失，或许会被他人的看法所迷惑。

　　然而，人生不可避免地会迷茫，尤其是在我们还不成熟的时候。因为我们缺乏经验，因为我们缺乏方法，因此，我们会依靠别人，甚至依赖别人；也许会陷入低谷，甚至是陷入绝境。但这一切，并非是我们放弃的理由。

　　再坚强的人，也会有孤单无助的时候；再脆弱的人，也有需要迎击风雨挑战的时候。一生很漫长，难道我们就这么活在别人的阴影下，复制着他人期待的安逸人生吗？这对于我们仅此一次的人生而言，又有何意义呢？

在我们的人生道路上，允许有失败，但决不允许自己放弃对梦想的追逐。如果我们不能勇于改变，我们如何知道大门背后是怎样的新世界？如果我们不敢勇于征服，我们又如何明白所谓障碍其实是那么渺小？

这一生，我们就该活得幸福，像向日葵一样，不管风吹雨打都坚强勇敢地向着阳光微笑。最终，我们会认识到，我们不勇敢，就不会有人替自己坚强。也正是在这样的勇敢向前中，我们才能拥抱人生最美好的时光！

目　录

第一章　只要战胜懦弱，就会从黑暗的谷底走向阳光

不要放弃努力 ……………………………………… 2

永远也不放弃信念 ………………………………… 5

要有走出低谷的勇气 ……………………………… 7

在逆境里奋力前进 ………………………………… 10

怕的不是困难是懦弱 ……………………………… 13

放弃绝不会成功 …………………………………… 16

不要轻易否定自己 ………………………………… 18

第二章　插上梦想的翅膀，就会飞向未来的天空

梦想没有卑微和高尚之分 ………………………… 22

别让梦想成为遗憾 ………………………………… 24

不敢做梦，怎会梦想成真 ………………………… 27

梦想不同，造就不同的生活 ……………………… 30

想到了就赶快去做 ………………………………… 33

挺过了严冬，春天就会来临 ……………………… 35

只要坚持总能绽放光彩 ·················· 38

第三章　不要相信命运，用自己的肩膀扛起未来

努力，就会过上想要的生活 ·················· 42

甘做奴隶的人不会成为主人 ·················· 45

让灵魂跟上脚步 ·················· 47

能够改变命运的只有自己 ·················· 50

勇敢地追逐自己的梦想 ·················· 53

用自己的肩膀扛起未来 ·················· 56

不想改变境况只能被生活击垮 ·················· 59

第四章　控制自己的欲望，给心灵一个愉悦的归宿

给心灵一个归宿 ·················· 63

幸福与内心有关 ·················· 66

学会控制自己的欲望 ·················· 69

有一种快乐叫知足 ·················· 71

知足是保持淡定的心态 ·················· 74

不要过度追求完美 ·················· 77

幸福跟金钱无关 ·················· 80

第五章　怎样看待世界，世界就会因你而发生改变

换个角度看待困境 ·················· 84

小改变能引起大效果 ·················· 87

不要害怕改变 ·················· 90

不要想得多而行动少 ·················· 93

不要因错过而惋惜 ···················· 96

与其愧疚不如尽力补救 ················ 98

尽己所能去改善生活 ················· 100

第六章　摆脱迷茫状态，不要把时间浪费在冥思苦想上

不要为迷茫找借口 ··················· 104

只有行动才会有结果 ················· 107

迷茫是生活的一种常态 ··············· 110

在迷茫中清醒 ······················· 113

迷茫是因为没有清晰的目标 ··········· 116

努力奔跑就有机遇 ··················· 119

只要努力就能出人头地 ··············· 121

第七章　学会享受孤寂，才能体味到人生百味

独处是最好的时光 ··················· 125

学会享受当下的孤独 ················· 127

学会独处 ··························· 130

没有人会热闹一辈子 ················· 133

让自己在孤寂中活得更精彩 ··········· 135

在孤独中韬光养晦 ··················· 138

享受自己的安然 ····················· 140

第八章　守住自己的底线，不要活在别人的期待里

守住自己的内心 ····················· 145

按自己的意愿做好每一件事 ··········· 147

不让别人扰乱你前进的步伐 ……………………… 149

守住自己的原则 ……………………………………… 150

走自己想要走的路 ………………………………… 153

活出自己的精彩 …………………………………… 156

活出自己的人生 …………………………………… 158

坚守做人的原则 …………………………………… 160

第九章 不要惧怕黑夜，只要勇敢一定能迎来曙光

勇于尝试才可能成功 ……………………………… 164

不要犹豫不决 ……………………………………… 165

跌倒了要自己爬起来 ……………………………… 168

坚守在心灵的乐土上 ……………………………… 169

把苦难当作人生的光荣 …………………………… 172

为自己喝彩 ………………………………………… 175

唤醒自己的潜能 …………………………………… 178

果断出手才能抓住机遇 …………………………… 182

第一章
只要战胜懦弱，就会从黑暗的谷底走向阳光

　　无论环境如何变迁，都会有生命在大地上绽放，生命本就是坚强、勇敢的，虽然困难是数不完的，我们不需要去数清它们，但是我们要摒弃身体中那个懦弱的自己，无论遇到什么样的坎坷，都能够在黑暗的谷底，为自己点亮篝火，都能够勇敢地告诉自己往前走，仿佛土壤深处的种子，一定要以翠绿的形式钻出大地，沐浴阳光。

不要放弃努力

"天下没有白吃的午餐",说的是这个世界上,没有不劳而获的事情。同理,肯付出努力的人,必然会得到回报。或许有时候,生活不一定会立刻给我们想要的答案,但是不必过于沮丧,因为上帝是个调皮的造物主,它会在适当的时机给我们惊喜。因此,不要放弃努力。

委屈似乎成了很多人口中的常用词,"为什么我这么努力,却得不到他人的喜欢,我很委屈;为什么我尽力了,却始终没有好的结果,我特别委屈;为什么他人总是看不到我的努力,我明明如此勤奋,我非常委屈"……这大概是我们惯用的思维模式。

快节奏的生活和较大的现实压力,经常让我们失去耐心,当我们做出了努力之后,就想立刻看到结果。而很多时候,生活对我们生命的把控和我们对自己步伐的安排是不一致的,因此,不必太急躁,更不必过分追逐眼下的结果。只要我们咬紧牙关努力前行,最终,生活都会给予我们相应的回报。

很多时候,生活不会雪中送炭,在我们最需要的时候,给予我们相应的回报。当我们遇到挫折和不如意的时候,要相信自己,坚持下去,生活一定会给我们惊喜的。

小李是个非常努力的年轻人,虽然进入了一家比较好的公司,站在了比同龄人高的起点上,但是她从来不骄傲,每天认真学习、认真工作，不放过任何细节，以最严格的要求来约束自己。因此，她进步很快，在进入公司半年后，已经能够独立处理很多事情。主管也对她非常满意，甚至当公司有新人入职的时候，主管都会让小李帮忙培训。

后来，公司的管理职位有了一个空缺，将在小李所在的团队里选一个人填补这个空缺。小李觉得自己平时足够努力，工作上也几乎没有差错，主管也非常喜欢自己，于是心里默默地认为这个机会应该就是自己的了。

但是，小李的主管最终却选择了另外一个入职更久的同事来担任这个职位。这让小李非常沮丧，甚至感到十分委屈，一度对工作有些消极。主管看出了小李的心思，便鼓励小李说："你的努力，我和大家都看在眼里。你要相信自己，不要因为这个事情就放弃了自己一直以来的坚持。让自己好好沉淀一段时间，也许会有惊喜呢。"

原来，当时公司已经计划开展新的业务领域，这个领域需要一个团队主管，领导早已经想好了，要让小李担任这个职位，只是因为业务还没有上线，所以一直在计划中。

半年之后，这个业务上线了。当领导告诉小李这个消息的时候，小李十分感动。原来自己的努力一直都没有白费，时间真的给了自己回报，而且是更好的回报。

正如有句话说的那样："很多事情，到最后都是好的结果。如果不是这样，那就说明还没有到最后。"遗憾的是，很多人被挫折和坎坷打败了，没能坚持下去，等到机会来临的时候，才懊恼自己当初的脆弱和不坚持。

人生不会只有顺境，不论遇到顺境逆境都不能放弃努力。

特别是当遇到不顺心的事情时，不要妄自菲薄，甚至全盘否定自己的努力。我们最需要的就是耐心和信心，要对自己有信心。这就好比站在空荡的山头，朝着对面的山头喊话，当我们用力喊出一声的时候，不会立刻听到回声，要隔一会儿，我们才能听到那绵延的回声。生活会给我们答案，不会让我们做无谓的努力，但是生活不是个急性子，不会立刻告诉我们所有的结果。

逆水行舟，不进则退。我们所处的环境，已经不能让我们处于安逸的状态了，因此我们要努力，而且要不懈地努力。在努力的途中，莫要因为困难或者偶尔的不顺而心灰意冷，甚至完全放弃前行。这样的举动或许真的会让我们步入得不偿失的境地。我们深知，很多事情不是一蹴而就的，好事多磨就是这个道理。有时候感觉自己用尽了力气，却还是失败了，但是要相信，我们的努力，生活看得到，它只是延长了我们努力的时间，当我们坚持下去之后，就会发现，生活早就准备好了更好的答案，等待我们去接受努力的硕果。

我们每个人都有不满的时候，对自己不满，对他人不满，对生活不满。而很多不满都源于我们对自己不努力的掩饰，生活只会善待拼命努力的人。因此在遭遇了人生的滑铁卢时，不要轻易地怀疑自己、怀疑他人、怀疑生活，而应该想办法改变自己，不断努力地提升自己，不放弃坚定走向目标的决心。

要记住，属于我们的好结果，无论绕了多大的圈，我们都会得到。因此，不必心慌，不必惶恐，只要我们够努力，只要我们够坚持，生活一定会给予我们一个不气馁的回报。

永远也不放弃信念

顺风顺水的不是人生，坎坷和波折才是生命的主旋律。这个世界之所以有强弱之分，很关键的一点就是，前者在接受命运挑战之时总是会说："我永远也不放弃。"而后者却说："算了，我实在撑不住了。"其实，人在低谷的时候，只要你抬脚走，就会走向高处，这就是否极泰来；如果你躺下不动了，这就是坟墓。

一个人，最大的破产是绝望，最大的资产是希望。生活中的的确确存在很多不公平，但别抱怨，要努力去适应它。机会需要我们自己去创造，一味等待永远不会有令人满意的结果。

所以在生命的旅程中，每每有风雨来袭时，不妨告诉自己，那不叫"挫败"，只是成功路上的一个小小障碍！

米切尔在车祸发生之前，正愉快地骑着一辆摩托车在公路上飞驰，时速约有 100 公里。

当他习惯地偏头看后方来车时，没想到走在前面的大卡车突然刹车。几乎来不及反应的米切尔，在危急中为了保住性命，闪电似的按下摩托车的把手，让车身侧倒滑进卡车底下。

没想到油箱盖就在此时突然崩开，悲剧就此发生，油箱里的汽油溅出来，被摩擦的火花引燃。

当米切尔醒来时，他已经躺在医院的病床上好几天了。

全身 70% 面积烧伤，痛得他不能动弹，呼吸也极为困难。但是，他却一点也没有放弃求生的意志，他不断地告诉自己："无论如何，我一定要活下去。"靠着坚强的意志力，他挺了过来，重新开始了他的人生与事业。没想到，老天又一次捉弄了他。一场飞机失事，令米切尔的下半身从此瘫痪。

祸事接二连三，却从未消减米切尔的斗志。后来，他成了美国最活跃的成功人士之一，他在巡回演讲时常说："这些经历，让我真正地体验到生命的成功与喜悦。"

后来，他成了美国深具影响力的人物，不仅事业有成，还进入国会，1986 年他当上了科罗拉多州的副州长。

人生处于低谷之时，也许正是我们发挥韧性的机会。假如说，你总是躲在暗处垂头丧气，看看米切尔，再想想自己的人生……其实，人生没有困难或挫折，便真的不能称为完整的人生。

其实，在生命陷入谷底的刹那，最有用的方法就是检视自己的内心，看看那里面装着什么——是"失败""痛苦""沮丧""伤心""失望"，还是"很好！在努力下我又有了进步！""很不错，我还有努力的空间和机会！""太棒了！人生多了一种不同的滋味"？也许别人不能理解你的想法，但你的注意力是正向的，你得到的结果就是正向的！

当然，你有选择的权利，但结果肯定大不相同。幸福眷顾那些刚强之人，无论现实是何等的残酷，只要精神屹立不倒，人生就有欢乐存在。事实上，只要我们能够在逆境中坚守梦想，就总是会有雨过天晴的时候。

想必你已经发现，当你面对阳光的时候，所有的黑暗都将在你脑后！所以不要问："我为什么失败？"而要问："我如何才能成功？"

其实，梦想离我们并不遥远，只是我们肯坚持，它多半不会令我们失望。人生路上磕磕绊绊、走走停停，我们难免会有迷茫之时，但只要心存希望，幸福就会降临；只要心存梦想，机遇就会来临；只要你持有信念，就不会迷失方向。为梦想而坚持，你定会收获幸福的果实。

要有走出低谷的勇气

山丘有高低，道路有起伏，大海有潮汐，人生也会有起伏，生活是由快乐和悲伤组成的一帧帧不规则的长电影。古人云："天将降大任于斯人也，必先苦其心志，劳其筋骨，饿其体肤，空乏其身，行拂乱其所为，所以动心忍性，曾益其所不能。"我们的一生与苦难相伴，这是不争的事实。

我们的一生分为婴儿、少年、青年、中年、老年等几个阶段，每个阶段都是一场独立的旅行。而这些阶段又以不同的方式划分成无数个小阶段，我们每个人都要按顺序走过这些不可快进的人生。

在这个过程中，不乏迷茫、叛逆甚至堕落的时候，也许会走错路，也许会跟错人，也许会在一片荒芜和凄凉里迷了路，晕头转向地找不到方向。

事实就是这样，我们都会有低谷期，或短暂或漫长。但谁都无法逃避人生中的低谷期，我们人生里的那些不可名状的在谷底的时期，就如同跳帧的电影中的灰色影像。

我们该承认，每个人都有趋利避害的心理，没有人愿意步入"叫天天不应、叫地地不灵"的境地。但是，生活就是个喜欢自己添油加醋的编剧，从来不会让我们一气呵成、轻轻松松地演完剧本，它一定会在你不经意的时候修改了剧本，然后看我们即兴表演。什么样的场景才能激发我们的才能呢？那就是频繁地加上最难演的戏码，让上一秒还在莞尔一笑、风花雪月的我们，一瞬间跌入命运的转轮，漂到不知名的荒岛，完成一部真人版的荒岛求生。

"你在害怕什么？"当生活把我们推入深渊的时候，我们是否这样问过自己。是的，我们不是拥有超能力的超级英雄，我们害怕自己步步为营的生活一夜之间变了模样，我们当中的很多人，经不起任何打击，哪怕是命运不小心打了个喷嚏带来的变动。

但是，"你究竟在害怕什么？"其实答案早已经在心里，只是我们张开嘴，话到嘴边，又硬生生地咽了回去——我们缺乏直面困难和走出低谷的勇气。就像游戏打到了最后一关，总会需要大BOSS和我们浴血奋战，此时我们的联盟一定伤亡惨重，只剩下自己和另外一个将会在某一个场景死去的配角，丢盔弃甲之后亡命天涯。

我们会遭遇前所未有的苦难，我们会一度陷入绝望，一定要记住，无论黑夜如何遮住了白昼，我们都不能放弃！

一个名为S的写手在网上分享了自己毕业之后求职的故事，感动了很多人。S毕业于一所名牌的大学，毕业之前，品学兼优的S从未担心过找工作。甚至在大家都在积极找工作的时候，S却在悠闲地策划着自己的毕业旅行。当毕业临近，很多人都找到了工作单位的时候，S才开始投简历和面试，那时几乎所有的校园招聘都已经结束。幸运的是，S赶上了一家500强企业的校招。但是，当时，S都没有意识到这几乎是自己的最后一根救命稻草。没有任何面试经验也没有做好充分准备的S，在面试中慌了神。她后来回忆，当时自己似乎已经不能控制自己的语言，紧张到说错话。毕业聚会上，大家都在讨论着自己的公司和薪资，原本活泼的S坐在一旁，心里明明失落却仍要强颜欢笑。

　　这一次的打击让原本踌躇满志的 S 一下子消沉起来，她决定离开自己当初拼命要通过高考而来到的这座城市。回到家乡之后，S 的情况并没有好转，家乡的工作机会非常少，更别提专业对口和 500 强了。连进入稍微有些名气的企业做文员都需要关系。S 曾坐了两个小时的公交，去一家"坐六休一"的企业，面试文员的岗位，最后还是没有被这家企业录取。这让原本信心受挫的 S 更加怀疑自己。她当时不止一次地责备自己、埋怨自己，怀疑是否只有自己曾一度觉得自己优秀。

　　每天入睡的时候，S 都默默地祈祷，希望醒来之后能发现这一切只是梦。然而，每当清晨来临，S 睁开眼睛，第一个蹦入脑海的想法就是——"我该怎么办？"在那段日子里，时光似乎被无尽地拉长，好像要把 S 逼迫到无路可退的境地。

　　已经退休的母亲，为了不给 S 增加压力，在炎热的夏天，找了个临时的工作，留给 S 足够的思考和调整的空间。所有的朋友都有了工作，曾经是朋友圈里中心人物的 S，开始害怕参加朋友聚会，哪怕几个闺密一起聊聊天。那段日子里，S 排斥听到所有关于工作的事情，哪怕是别人告诉她，报纸上登出哪里有招聘会。S 甚至报名参加了自己曾经十分不屑一顾的公务员考试，结果也是名落孙山。

　　福无双至，祸不单行。那段时间里，S 像是被施了魔咒，似乎失去了所有的能力。她开始觉得自己什么事情都做不好，任何一点小事情，都能让她变得暴躁，甚至在深夜里大哭。曾经无话不谈的几个朋友渐渐疏远了 S，也许是社会让人变得现实，S 觉得自己变成了朋友圈里最差的一个。在询问朋友的公司是否有职位空缺的时候，只得到朋友的一句"我也只是个普通员工，帮不了你什么"的回答。

　　夏天慢慢过去，冬天也慢慢过去，S 也慢慢步入了龙卷风的中心。来自家庭和自己的压力，压得她快要爆炸。每天醒来不知道自己该做些什么，脑子里都是朋友们在忙碌着工作，而自己却碌碌无为的对比。这些情绪在一点点吞噬着她的意志，就像掉入了深水里，水迅速淹到了鼻子下面，只剩最后一点呼吸。

　　这个故事的结局是，S 最终决定回到自己心心念念的那座城市里，重新开始。把自己放在最平凡最普通的位置上，忘记曾经辉煌的自己，只铭记那个在快要坠落的时候拼命抓紧机会的自己。她开始运动、看书，每天练习英文口语。清晨醒来的第一件事，是先投简历，然后不断地参加面试，总结失败的经验。如今的 S 已经成为一家外资企业的优秀员工。

　　我们每个人都有类似的经历，甚至更加糟糕。在看似风景如画的景色里，一不留神就跌入了谷底。有时，我们甚至不知道为什么命运偏偏选中了自己。但是生活就是如此，生命就是如此。我们都有绝望得快要窒息的时候，都有被逼得不知所措只能折磨自己的时候。但是，无论如何，我们都要抱着死磕到底的信念，无论命运的鞭子如何鞭笞着让我们妥协，也要咬紧牙关坚持下去。即使看不清前路，也要尝试着往前走，只有往前走，才会有希望，只有不放弃，才有机会见到曙光。

在逆境里奋力前进

　　人在长期身处逆境的情况下，往往会迷茫、混沌，甚至无法控制自己的情绪，让自己冷静地思考。此时，我们最渴望的就是能有一根结实的救命绳索伸进谷底，搭救我们。这样的想法让很多人沉浸在祈祷中，无所事事。日复一日，年复一年，生活只会在白日梦里变得更加灰暗。

跌入谷底，确实是令人身心备受折磨的事情，但是，最让人容易失去理智的是——在深渊里，看不见向上爬的路径。而其实，是我们蒙蔽了自己的双眼，只要冷静地思考，理智地行动起来，便会发现，不仅有向上的路，而且有无数条路。

无论是学习、工作还是家庭，我们都有可能遭遇意想不到的挫折，特别是在我们毫无防备的时候。世界上，很多无法破解的谜题都被人类一一破解，平凡生活中遇到的，无论小风小浪，还是狂风暴雨，我们都有能力去克服。

每年备受关注的高考期，都会有这样的报道——"某某学生因为某一门考试迟到，成绩作废而跳楼""某某学生因高考成绩不佳而自杀"……高考前，无论是学校老师还是家长，都会给孩子做心理辅导，最大限度地降低考生的心理压力。但是每年，还是有一些年轻人轻易放弃了自己的生命，留给亲人和家庭无尽的伤痛。为什么他们会做出这样的选择？是什么让他们克服了对死亡的恐惧？其实就是对结果的过分渴望和对人生道路的狭隘认识。

的确，高考是很多人生命里一个重要的里程碑和转折点，但是并不是终点，从来不是，也永远不会成为终点。但是一些年轻人却错把高考当成一座难以翻越的高山，把结果当成对自己生命的宣判。既然有考试，就必然有排名，分数必会有高低之分。这些学生没有得到自己期许的结果，就认为自己的人生陷入了万劫不复的深渊，似乎前途已经注定黑暗，而自己害怕面对这个结果，于是做出了极端的选择。

然而，高考并不是对我们人生的宣判，并不是一定要分出高下的战役。如果不满意这样的答卷，可以选择复读，选择去分数能达到的学校，选择学一门专业性很强的技能，选择出国留学或者选择创业。仅仅一场考试，我们就有这么多可选的选项，为何要偏激地对人生进行错误的判断和定义呢？我们所了解的很多成功人士，甚至都是未能读完初中。即使是成功地步入了大学殿堂的人，最终步入社会，人们也不会以高考分数和毕业院校来评判一个人的素质和能力。

正如高考不是对生命的最终宣判一样，我们生活中遇到的很多，我们以为"人生或许就这样了"，其实都并非到了我们想象的地步。哪怕是处于逆境之中，也不代表着梦想之花就此凋零，生命之火就此熄灭。"绝处逢生"，是一个充满画面感、饱含情感和血汗的词。生命里的每个低谷，都有无数条藤蔓在我们周围，只要我们抓住其中的一条，奋力地往上爬，用尽全身的力气，我们就会看到光明。

"山重水复疑无路，柳暗花明又一村"，是古人在告诫后人，当路走到死角或绝境的时候，不要停下脚步，坚持朝前走，便一定会在绝望里看到希望。即使前方看似死路，也一定会有神奇的命运之门为我们敞开。我们之所以会因为所谓的陷入低谷或坠入深渊而产生巨大的恐惧感，说到底还是因为我们总是容易被现实打败，而不相信自己的力量。

城市的交通系统，尚不会仅有某个线路只到达一个地方，道路总是四通八达的，何况是漫漫人生路。即使在烈日逼得我们无法抬起头的大路上，都会有不同的路供我们选择，有蜿蜒的林荫小道，也有暴晒之下的康庄大道，更何况是在低谷里摸索。其实生活早就为我们准备了诸多选项，关键是我们能否理解苦难的含义，在逆境里朝着自己的方向，奋力前进。

在爬出谷底的方程式里，殊途同归是结果，路径 1 到 N 是方法，关键的阶梯步骤是我们拿起笔去尝试求解。当我们开始冷静、理智地分析已有的条件和隐藏条件，并利用现有的条件为自己构造更多的桥梁时，阴霾和黑暗就会自动退去，湛蓝的苍穹就在不远处，爬出去抬起头就能触碰到。

无论何时，无论何地，别被生活打败，别被挫折打败，奋力朝前是我们唯一的方式。

怕的不是困难是懦弱

找借口是所有人面对错误、困难和困境的第一反应。在我们的潜意识里，只要撇清关系，就能迅速而顺利地甩掉麻烦。但是，挫折不是麻烦，注定出现在我们人生路上的挫折，是无法靠找借口而摆脱的。

我们必须明白事在人为的道理，很多时候，并不是事情本身有多棘手，而是在我们的潜意识里，已经给它贴上了"无能为力"的标签，于是轻易便缴械投降。

学好英文太难了，在兴冲冲地买了几本书之后，几乎没翻过几页；学游泳太难了，在兴致勃勃地买了一套装备之后，从没去过泳池；学跳舞太难了，学钢琴太难了……这个世界太难了……细数我们已经走过的人生下过的决心，恐怕要数到时间的尽头。

为什么有些人会抱怨自己的人生有那么多的坎坷，而别人却似乎一路顺风顺水？是因为命运的不公吗？事实上，人生路上真正的坎，都来自于我们内心的恐惧。一帆风顺的时候，我们害怕未知路途中可能遇到的困难；步入逆境的时候，我们害怕无法毫发无损地度过低谷期；当雨过天晴的时候，我们又会患得患失，害怕重蹈覆辙。生命就在这样可笑又可气的过程里循环往复，然后，我们就到了感慨时间太少、老得太快的年纪。

我们害怕的不是困难本身，我们恐惧的源头是我们对自身懦弱的默认。或许我们不会承认这样的事实，但是我们却一再地印证它。

生活中，我们总是能够看到这样的事：两个背景及能力都相似的人，从同一个起跑线上出发，但最终的结局却有着天壤之别。其中一个人是"行动派"，而另一个人是"幻想派"。"行动派"总是雷厉风行，决定要做的事情，无论遇到什么艰难险阻，总是会坚持完成自己的目标。即使遇到让人无比沮丧或失望的情况，也能够及时地排解情绪，不断地尝试去解决问题。而"幻想派"终日生活在自己的"思维殿堂"里，想法很多，行动很少，想要做一件事的时候，思前想后却迟迟不付诸行动，先把可能遇到的困难设想一遍，然后把自己吓破了胆，放弃了计划。每一件事都要经历如上过程的思考，最终，"幻想派"在自己的胆小鬼的思维方式里"溺水而亡"。

我们中的很多人都是"幻想派"，最擅长找各种各样的借口来搪塞生活，抵死不愿承认自己很懦弱。这不是一种理性的思考方式，而是一种懦弱的表现。如果我们足够努力，相信自己的能力，是不会被困难打败的。人生的路，无论哪一条都不会一帆风顺，总会有苦难登门拜访，而我们也知道这个既定的事实。因此，我们害怕失去，害怕失败，害怕心有余而力不足等，这都是自己给自己找的冠冕堂皇的借口，实际我们只是害怕了，轻易败给了自己的懦弱。

英国有一个女孩，在不带任何现金的情况下，在5个月内骑行了4349公里。整个行程从厄瓜多尔出发，途经玻利维亚、秘鲁，穿越亚马孙丛林，翻越安第斯山脉。她的故事在媒体上引起了很多人的热议。大家都认为女孩完成了一个不可能完成的任务。在骑行的过程中，女孩遇到过很多困难，自己搭帐篷，自己补胎，烈日暴晒，遇到不太热情的当地居民而得不到食物补给，遭到性骚扰等。整个冒险计划，在很多男性看来都是不可思议的事情。但是一个身无分文的姑娘却勇敢地完成了整个行程。我们对未知的事物、未知的困难，甚至未知的人都会有防备性的恐惧，但是我们未曾发现，恐惧本身源于我们自身的懦弱。为什么选择了放弃，而不是再咬咬牙坚持一下？因为我们害怕了，胆怯了，于是轻易放过了自己。

小时候，老师告诉我们，好记性不如烂笔头。一篇看似生涩难懂的古文，在我们对着词典一字一句地翻译之后，再抄个几遍，便能记住主要内容。"眼怕手不怕"，看似无法解决的几何题目，在我们拿起笔认真画图演算之后，被顺利地求解。曾经我们都摇头晃脑地背过古文，聚精会神地求解几何题，大声地拼出英文单词并背诵，那时，我们不曾害怕，最多挠挠头，然后迎难而上。而越是成长，我们却越是懦弱。

困难从来没有我们想象得那么难以克服，情况也没有我们想象得那么糟糕，一切艰难险阻之所以能够打败我们，是因为我们给自己戴上了无形的枷锁。钥匙和地图都在我们手中，但我们从来没有放弃禁锢自己。复杂的思维是人脑最有魅力的地方，而我们却用它来阻挡我们前行的道路。我们可以去预测未知的困难，考虑道路上所有可能出现颠簸甚至翻车的地方。但是，不能因为前方有块落石，就立即掉头。下车搬开它，道路依旧宽阔，微风依旧拂面，依然可以欢快地唱歌。不论是小困难还是大挫折，即使跌落黑暗的谷底，也不能向自己的懦弱认输。

时钟走着走着，时间就过去了；四季换着换着，一年就过去了；日出日落不断交替，一辈子也许就这么走完了。无论环境如何变迁，都会有生命在大地上绽放，生命本就坚强、勇敢，奈何我们要让自己败给自己的懦弱。困难是数不完的，我们也不需要去数清它们，对每一个都有完全的准备。但是我们要摒弃身体中那个懦弱的自己，无论遇到什么样的坎坷，都能够在黑暗的谷底，为自己点亮篝火，都能够勇敢地告诉自己往前走，仿佛土壤深处的种子，一定要以翠绿的形式钻出大地，沐浴阳光。

放弃绝不会成功

忍耐痛苦比寻死更需要勇气。在绝望中多坚持一下，最终一定会带来喜悦。上帝不会给你不能承受的痛苦，所有的苦都可以忍耐，事实上，一个人只要具备了坚忍的品质，便可以苦中取乐，若懂得苦中取乐，则必然会苦尽甘来。

几年前，35岁的普林斯因公司裁员，失去了工作。从此，一家人的生活全靠他打零工挣钱来维持，经常是吃了上顿没下顿，有时甚至一天连一顿饱饭也吃不上。为了找到工作，普林斯一边外出打工，一边到处求职，但所到之处都以没有空缺职位为由，将其拒之门外。然而，普林斯并没有因此而灰心，他看中了离家不远的一家名为底特律的建筑公司，于是给公司老板寄去了一封求职信，信中他并没有将自己吹嘘得如何有才干，也没有提出任何要求，只简单地写了这样一句话："请给我一份工作。"

这家建筑公司的老板约翰逊在收到这封求职信后，让手下人回信告诉普林斯，公司没有空缺。但是普林斯仍不死心，又给这家公司老板写了第二封求职信。这次只是在第一封信的基础上多加了一个"请"字："请请给我一份工作。"此后，普林斯一天给公司写两封求职信，每封信的内容都一样，只是在信的开头比前一封信多加一个"请"字。

3年间，普林斯一共写了2500封信，这最后一封信有2500个"请"字，接着还是"给我一份工作"这句话。见到第2500封求职信时，公司老板约翰逊再也沉不住气了，亲笔给他回信："请即刻来公司面试。"

面试时，公司老板约翰逊愉快地告诉普林斯，公司里有项很适合他的工作：处理邮件。因为他很有写信的耐心。

当地电视台的一位记者获知此事后，专程登门对普林斯进行了采访，问他：为什么每封信都只比上一封信多增加一个"请"字？

普林斯平静地回答："这很正常，因为我没有打字机，只能用手写。每次多加一个'请'字，是想让他们知道这些信没有一封是复制的。"

这位记者还问公司老板：为什么录用了普林斯？

老板约翰逊幽默地回答："当你看到一封信上有2500个'请'字时，你能不受感动吗？"

如果是你，你会不会这样做？也许不会，那你或许就要与成功失之交臂了。

当我们遇到挫折时，请给自己一个信念：马上行动，坚持到底！成功者决不放弃，放弃者绝不会成功！我们要坚持到底，因为我们不是为了失败才来到这个世界的！当你打算放弃梦想时，告诉自己再多撑一天、一个星期、一个月，再多撑一年，你会发现，拒绝退场的结果往往令人惊讶。

其实，这世间最容易的事是坚持，最难的事也是坚持。说它最容易，是因为只要愿意做，人人都能做到；说它最难，是因为真正能做到的，终究是少数的人。但只要你愿意再试一次，你就有可能到达成功的彼岸！

不要轻易否定自己

其实，人生有时真的就像一场拳击赛。在人生的赛场上，当我们被突如其来的"灾难"击倒之时，有些灰心、有些丧气也属正常，我们或许会躺在那里一度不想动弹，是的，我们需要时间恢复神智和心力。但只要恢复了，哪怕是稍稍恢复了，我们就应该爬起来，即便有可能再次被击倒，也要义无反顾地爬起来，纵然会被击倒 100 次，也要爬起来。因为不爬起来，我们就永远输了；爬起来，就还有转败为胜的希望。

爱德华·埃文斯从小生活在一个贫苦的家庭，起初只能靠卖报来维持生计，后来在一家杂货店当营业员，家里好几口人都靠他的微薄工资来度日。后来他又谋得一个助理图书管理员的职位，依然是很少的薪水，但他必须干下去，毕竟做生意实在是太冒险了。在 8 年之后，他借了 50 美元开始了他自己的事业，结果事业发展一帆风顺，年收入达 2 万美元以上。

然而，可怕的厄运在突然间降临了。他替朋友担保了一笔数额很大的贷款，而朋友却破产了。祸不单行，那家存着他全部积蓄的大银行也破产了。他不但血本无归，而且还欠了 1 万多美元的债务，在如此沉重的双重打击下，爱德华·埃文斯倒下了。他吃不下东西，睡不好觉，而且生起了莫名其妙的怪病，整天处于一种极度的担忧之中，大脑一片空白。

有一天，爱德华·埃文斯在走路的时候，突然昏倒在路边，之后就再也不能走路了。家里人让他躺在床上，接着他全身开始腐烂，伤一直往骨头里面渗了进去。他甚至连躺在床上也觉得难受。医生只是淡淡地告诉他：只有两个星期的生命。爱德华·埃文斯静静地写好遗嘱，躺在床上等死，人也彻底放松下来，闭目休息，却每天无法连续睡着两个小时以上。

时间一天一天过去，由于心态平静了，他不再为已经降临的灾难而痛苦，他睡得像个小孩子那样踏实，也不再无谓地忧虑了，胃口也开始好了起来。几个星期后，爱德华·埃文斯已经能拄着拐杖走路了。6 个星期后，他又能工作了。只不过以前他一年赚 2 万美元，现在是一周赚 30 美元，但他已经感到万分高兴了。

他的工作是推销用船运送汽车时在轮子后面放的挡板。他早已忘却了忧虑，不再为过去的事而懊恼，也不再害怕将来。他把自己所有的时间、所有的精力、所有的热忱都用来推销挡板，日子又红火起来了。不过几年而已，他已是埃文斯工业公司的董事长了。

其实生活就是一面镜子，你对着它哭，它也对你哭；你对着它笑，它也对你笑。跌倒了，我们只要能够爬起来，就谈不上失败，坚持下去，就有可能成功。人这一生，不能因为命运怪诞而俯首听命，任凭它的摆布。等年老的时候，回首往事，我们就会发觉，命运只有一半在上天的手里，而另一半则由自己掌握，而我们要做的就是：运用手里所拥有的去获取上天所掌握的。我们的努力越超常，手里掌握的那一半就越庞大，获得的也就越丰硕；相反，如果我们把眼光拘泥在挫折的痛感之上，就很难再有心思为下一步做打算，那么我们的精神倒了，可能真的就再也爬不起来了。

心态是横在人生之路上的双向门，我们可以把它转到一边，进入成功；也可以把它转到另一边，进入失败。你选择了正面，就能乐观自信地舒展眉头，迎接一切；选择了背面，就只能是眉头紧锁，郁郁寡欢，最终成为人生的失败者。

所以，如果想要人生有点色彩，就不要轻易下结论否定自己，不要怯于接受挑战，只要开始行动，就不会晚；只要去做，就总有成功的可能。世上能打败我们的，其实只有我们自己，成功的门一直虚掩着，除非我们认为自己不能成功，它才会关闭，而只要我们觉得还有可能，那么一切就皆有可能。

第二章
插上梦想的翅膀，就会飞向未来的天空

梦想只有在我们奋力追逐的时候才有意义，否则便不是梦想，而是痴人呓语。要想使梦想成为现实，需要我们去追逐它、实践它，无论如何，都不要松开双手、停下脚步。因为我们追逐的不仅仅是梦想，而是未来的自己，我们最想飞向的那片属于自己的天空。

梦想没有卑微和高尚之分

不是只有金碧辉煌的地方叫作家，炊烟袅袅的地方也是家。不是奢靡繁华的人生才叫生活，柴米油盐酱醋茶也是生活。梦想亦是如此，不是想要成为总统的才叫作有梦想，能够衣食无忧，也是梦想。梦想没有卑微和高尚之分，无论是什么样的梦，只有踏实地朝着它努力，才赋予了梦想真实的意义。

心之所向，就是梦想。无论我们想要的是什么，只要是我们愿意奋力去争取的，那便是梦想。梦想从来不卑微，因为每一个梦想的背后都是用血汗堆砌的。支撑着我们一路走下去的，就是我们心心念念的，或是人，或是某种生活。

工地上汗流浃背的工人、烈日下奔波的快递员、街头挥着扫帚的环卫工人，他们的梦想或许就是让家人有温饱不愁的生活。为了这个梦想，他们用尽了自己全部的力量，每一块砖瓦、每一个快件、每一条干净的街道，都倾注了他们的心血。这难道不是可歌可泣的梦想吗？

《当幸福来敲门》中有句经典台词："如果你有梦想的话，就要去捍卫它。那些一事无成的人想告诉你，你也成不了大器。如果你有理想的话，就要去努力实现。"无论别人告诉你，你的梦想多可笑、多么卑微，甚至是很多人唾手可得的事情时，莫要因此而放弃。我们做的事情，就是梦想，无论别人嘲笑它、无视它，我们都要拼尽全力捍卫自己的梦想，用自己的努力证明，梦想的种子一定会有发芽的那天。

但在生活无情的磨炼下，很多人选择了放弃。失去了梦想之后，人会失去斗志，如果活着只是为了挣钱，那么还谈什么意义！不是只有当科学家才是梦想，想成为一个专业的保洁员也是梦想。梦想本没有光环，是人们咬着牙坚持不懈的追求让梦想发了光。

出生在中国沈阳的新津春子，被日本媒体称为"国宝级匠人"。母亲是中国人，父亲是日本人的新津春子17岁随家人移居日本。由于语言和教育程度的限制，新津春子最终靠做机场保洁员谋生。但正是这样一份普通得不能再普通的工作，新津春子却做出了自己的"品牌"。日本东京的羽田机场，因为新津春子的存在，连续四年被评为"世界上最干净的机场"。从候机大厅到厕所，机场的所有角落，都经过了新津春子精心的打扫。机场的负责人对新津春子有很高的评价，在他眼里，新津春子的工作已经完全超越了保洁的范畴，俨然成了一项令人称赞的技术活。这绝对不是夸大其词的赞赏，新津春子从来不会放过任何一点灰尘，比如机场洗手间里的吹风机，长时间地使用，吹风机里难免会滋生细菌且有异味，新津春子每天都会清理它。不仅如此，凡是孩子能够碰到的地方，新津春子都不会使用具有刺激性的清洁剂。

华丽和高尚，本不在于梦想本身，而是取决于我们每个人。如果我们不断地追逐，不断地提升自己，不断地努力，那么再渺小的梦想也会发芽；反之，梦想再华丽，也不过是幻想。

再小的梦想，都有发芽开花的时候，再大的梦想，也会在碌碌无为中成为触不可及的幻想。我们努力去往最想要去的地方，怎么能够在半路就返航；最想要成为的那个自己，怎么能够被现在的自己替代，最想要实现的梦想，就是我们最大的动力。无论如何，以梦为马，诗酒趁年华。

别让梦想成为遗憾

我们现在正在做着的，真的是我们曾经梦想的事情吗？在很多人看来，这个答案大概都是否定的，他们只能偶尔踮起脚尖，望着自己最初的梦想，就好像望着一只绚烂的氢气球——随风飘远。

久而久之，当他们的激情逐渐被生活中的琐事所淹没，曾经的壮志豪言，曾经对未来的美好想象，也都被埋在心底的最深处，蒙上厚厚的尘埃。或许偶尔酒后畅谈、午夜梦回，他们还会想起有过这段曾经，但也只是笑笑而过——只是个梦而已。

直到有一天，当他们看到别人牵着那只氢气球走过，看着阳光下的绚烂美丽，此时的心情不只是羡慕与嫉妒，更多的是无尽的遗憾。为何我们要让自己的梦想变成遗憾？为何不曾努力就放弃曾经的梦想？

在一次同学会上，陈立臣与几个熟悉而陌生的"好基友"再次见面，谁曾想，其中一位竟然拿出几本装帧精美的书，送给所有人。陈立臣一看，竟是梁斌这小子自己写的书，在大家的道贺声中，梁斌说起了自己的生活：当作家、写专栏，用"码字"养活自己。

看着梁斌侃侃而谈着自己实现的梦想生活，陈立臣与大家也回想起自己当初的梦想。一时间，都感慨万分。但每个人却都从事着与梦想无关的事情：有梦想到深圳创业的人，如今当着村干部；有梦想到上海做金融的，如今却是老家的会计……当然，也有梦想过安逸人生的人，如今过着相夫教子的生活。在梁斌的刺激下，在一片自嘲中，大家都带着淡淡的遗憾。

散席之后，陈立臣与周永走在回去的路上，陈立臣说道："我记得上大学那会儿，你写的文章可比梁斌好，记得当初你的梦想，不也是做个自由作家，到处走走，看看不同的风土人情，写下不同的故事吗？"

周永却不以为然道："梦想这东西，还能当真啊！现在生活这么难，能养活自己就不错了，哪还有心思去做什么作家。真要这么做了，如今有没有饭吃还说不定呢！再说，大家不都是这样吗？"

确实，在很多人的心中，所谓的梦想，就好像清晨的雾一样，看着很美，想要触及，但走在路上，这晨雾也在不知不觉中消散，只余下现实的阳光，大家为生活的琐碎到处奔波，而梦想，却早已无影无踪，甚至不曾被想起。

梦想从来都与遗憾无关。在追逐梦想的道路上，我们就永远不会有遗憾。只有未曾为梦想而努力过的人，才会在看到别人实现自己的梦想时，感到无尽的遗憾。

当我们看到周围的人都被现实打败，放弃梦想而沉浸在柴米油盐中时，也就能够心安理得地放弃对梦想的追逐。似乎，我们的失败并非因为自己未曾努力，而是因为这个社会就是这样，这个大环境下，"美梦成真"终究只是个梦而已。至于那些真正实现梦想的人，他们则只是故事里的人。

在《牧羊少年的奇幻之旅》中，喜欢旅行的牧羊少年梦想着金字塔的壮美，追逐着金字塔的宝藏，在一路的奇幻冒险中，经历过被窃、炼金术师、爱情、战争之后，牧羊少年最终实现了自己的梦想。

在回想起这段冒险之旅时，牧羊少年感慨道："一路上我都会发现从未想象过的东西，如果当初我没有勇气去尝试看来几乎不可能的事，如今我还只是个牧羊人。"

生活确实离不开柴米油盐，但除此之外，我们也能够拥抱琴棋书画；现实确实少不了"铜臭味"，但闲暇之时，我们也可以点燃檀香。但如果我们没有勇气去尝试自以为的不可能，又怎么可能脱离生活琐碎的困扰？

梦想从来都与遗憾无关，只要我们在追逐梦想的道路上，就不会有遗憾，纵使失败，我们也能说一句无悔。

很多人对于梦想的理解很简单：我当初想创业，结果后来自己做了公务员，看到别人创业成功，觉得遗憾，就认为创业是自己的梦想。然而，我们是否曾经真心地为这份梦想策划过方案？我们是否想象过该走怎样的道路实现梦想？我们是否描绘过这个梦想实现的未来？如果我们为之遗憾的，只是曾经蹦出的某个想法，那这并不能称为梦想。

梦想从来都与遗憾无关，我们追逐的梦想，必然是我们心中所想，而非因为某种遗憾情绪，就将其当作梦想。

奥斯特洛夫斯基说："人的一生应当这样度过——当回忆往事的时候，他不因为虚度年华而痛悔，也不因为过去的碌碌无为而羞愧。在临死的时候，他能够说：'我的整个生命和全部精力，都已经献给世界上最壮丽的事业——为人类的解放而斗争。'"

人类的解放是奥斯特洛夫斯基的梦想，对于我们而言，我们的梦想或许没有这么伟大，但相同地，在临死的时候，我们也应当能够说出"我的整个生命和全部精力，都已经献给我的梦想"。

不敢做梦，怎会梦想成真

我们每个人，不论职业、不论家庭背景、不论教育背景，一定都有自己的梦想。小时候我们会在作文里详写自己的梦想，在班上大声地朗读自己对梦想的细致描绘；说起想要成为什么样的人，我们都涨红着脸，但依旧心跳加速甚至慷慨激昂地告诉别人，我的梦想是……

时间，像哈利·波特的扫帚，把这些细小而珍贵的情绪，连我们曾经珍视的梦想，扫得干干净净。当生活失去了憧憬和动力的时候，大部分人的通病就是用"活着就好"来麻痹自己。

某电视台曾经做过一个街头随机访问，问题就是"你的梦想是什么"。在面对镜头的时候，很多人尴尬地笑场，甚至选择回避。真正能够站在镜头前，认真谈论自己梦想的人寥寥无几。似乎这是一个比"你幸福吗"，更让人难以回答的问题。是梦想已经过时了吗？还是梦想只能是孩童时嬉笑的妄言？为什么越是成长，我们越是变得不敢做梦？实际上，不是梦想放弃了我们，而是我们背弃了梦想。

演艺圈名利双收，从来没有负面明星的演员很少。而黄渤就是这"稀有物种"之一。很多人说从没想过黄渤也能够成为影帝，而更多人说这是实至名归。然而，在黄渤学习表演的时候，他的老师就语重心长地劝过他："女怕嫁错郎，男怕入错行。其实做做幕后挺好的，何必非要在幕前分一杯羹，或许还是残羹剩饭。"不仅是老师，连黄渤的父母都极力反对儿子选择这条道路。

但是黄渤怀揣着这个梦想，从未放弃。从幕后到幕前，黄渤用了别人好几倍的时间，吃了很多人吃不下的苦。很多人认为在"拼颜值"的演艺圈，黄渤就是个笑话。没有英俊的长相，没有健硕的肌肉，没有傲人的身高。黄渤除了梦想，似乎什么都没有。有一次黄渤去试戏，副导演看到黄渤直接大发雷霆，当着黄渤的面说："这不是胡闹吗！这哪能行！怎么能乱找演员？"

黄渤的演艺梦想，几乎遭到了所有人的反对。很多人甚至大肆嘲笑他，觉得黄渤混演艺圈是在做白日梦，更别说能出人头地了。但是黄渤从来不曾在这样的声音下，选择放弃。他就是这么敢做梦！一路走来，黄渤做过配音、群演、舞蹈教练、酒吧驻唱等。所有的努力，都是为了成就这个别人眼中的"白日梦"。

终于，电影《疯狂的石头》创下了当年的票房奇迹，人们也因为这部电影记住了这个长相完全不出众，但是朴实而努力的演员——黄渤。2009年，黄渤更是凭借着电影《斗牛》获得第46届台湾金马奖最佳男主角奖。2014年，黄渤获得50亿"影帝"的头衔。不仅如此，如今的黄渤已经成了电影的票房保证，黄渤是名副其实的演艺界"黑马"。

太多的人不看好黄渤，黄渤追逐梦想的道路非常坎坷，黄渤背负了正常人无法想象的压力。很难想象，当所有人不看好黄渤时，所有的声音都刺耳难听的时候，黄渤是如何坚持下来的。黄渤在采访中坦言："我的梦想，在很多人眼里就是天大的笑话。无论是唱歌还是演戏，几乎没有人看好我。但是我就是这样，不管遇到多难的事情，只会一个劲儿地往前冲，我用自己的坚持证明了，我没有入错行。我特别感谢我的梦想，没有它，我不会坚持到今天。"

黄渤实现梦想的同时，还练就了一身本事，阅历丰富的他，眼界比一般人更开阔，戏路非常广。当年劝他转行的老师感慨万分："上帝除了没有给黄渤英俊的面容，其他的都给了。"

黄渤的成功离不开他疯狂的坚持，但促成他成功的源头是他的梦想，如果没有这个梦想，如果连梦都不敢做，何来梦想成真。长大以后，谈起"梦想"二字，我们总有很多理由搪塞，要注重当下，要学会现实，要懂得知足等。而这些都是冠冕堂皇的借口，其实我们不敢谈论梦想，是因为我们不敢做梦，不敢有梦想。梦想似乎是个太过遥远的词语，走着走着，就脱离了我们的生命。

按部就班、朝九晚五的生活，确实让很多人获得了所谓的稳定。甚至有人开始自嘲曾经自己奉为生命真谛的梦想。没有梦想，何谈坚持，何谈苦难，何谈成功。难道活着就是人生莫大的成功吗？没有梦想，何谈做梦，何谈追梦，何谈梦想成真。难道这些都是只能出现在小说里的辞藻吗？

再顺风顺水的人生，没有了梦想，也会迷茫，也会在航行中失去方向；再完美的人生，没有梦想，也会遗憾，也会后悔，也会在失去了追梦的时间之后捶胸顿足。人生，只不过是一场自己和自己博弈的游戏，时间过了，生命自会戛然而止。连一场梦都没有做过的人生，该如何归于平静？给自己一个梦想吧，誓死捍卫它！

梦想不同，造就不同的生活

威尔逊曾说："我们因梦想而变得伟大。成功者都是大梦想家，在阴天的暴雨中，在冬日的篝火旁，梦想着未来。有些人的梦想悄然灭绝，有些人则细心培育、维护，直到它安然渡过困境，迎来光明和希望，而光明和希望总会降临到真心相信梦想会成真的人身上。"这大概就是所谓的"念念不忘，必有回响"。我们以后的生活是什么模样，人生是什么走向，早就被烙印在曾经播撒梦想的土壤里。

梦想是我们为自己绘制的地图，我们将去往何方，取决于这幅亲手绘制的地图。每个人的梦想不同，才造就了人与人不同的生活。当然，只有不断追逐梦想的人，才有机会生活在梦想里。这个道理和相由心生的含义一致，我们追求的事物，反映了我们的内心，同时，我们的心理状态，会体现在我们的面容、仪态、行动中。这正是梦想神奇的化学反应。

国内某专栏的御用作者小A，从小学起便开始阅读大量的文章。在那个不富裕的年代，小A几乎把父母给的所有零花钱都用在了买作文书上。那时，他最开心的事情，便是在书店里买到了新出版的作文书。书读万遍，其义自见，通过不断增加阅读量，小A的文笔也潜移默化地有了很大提升，很快超越了同龄人。上了初中之后，家里添置了第一台电脑，小A最喜欢的事情，就是每天写完作业之后，在电脑上敲下当天的心情、感悟，或者发生的有趣的事情。渐渐地，这成了他的习惯。上高中之后，小A开始参加各种各样的比赛，虽然面临着繁重的学业，但他从未放弃过自己的写作梦想，甚至连午休的时间都用来读书和写作，哪怕只是随笔。小A开始参加各种写作比赛，虽然经常收到感谢信，但是他从未放弃过自己的梦想。

上大学之后，小A开始在国内知名网站上定时更新自己的文章、小说等。一开始很少有人关注他，但他从不慌张，每晚坚持更新自己的主页。渐渐地，小A的主页访问量不断增加。很多素不相识的人在他的文章下留言，这些肯定的言语，让他深受感动，备受鼓舞。学校的图书馆中，经常能看到小A读书的身影，大学期间，他基本借遍了学校图书馆里的各种书籍，连借书处的老师都对他印象深刻。

毕业之后，小A找了份和专业相关的工作，繁忙的工作也没能让小A对写作的热爱退去。他依旧坚持写作。他偶然发现某专栏的主页上登出了招聘专栏作者的启事，便尝试着将自己的文章发了过去。没想到，过了几天便接到了专栏主编的电话，他通过了初步的筛选，需要提供更多的作品来参与最终的筛选。最终，小A获得了这个专栏作者的职位。

关于梦想，小A曾写过："梦想就是无论如何，你都不愿意放弃的事情。当所有人都放弃你的时候，你可以选择一蹶不振，或者擦干眼泪爬起来。未来的生活，其实都蕴藏在坚持梦想的日日夜夜里。"

正如小A所说，梦想不是一个宽泛的遥不可及的事情，它对于每个人来说都是特别的。即使是生活在不堪中的人，也会思考、憧憬日后的生活。我们想成为什么样的人，想过上什么样的生活，想拥有什么样的人生，都取决于我们的梦想。

终于成了专职作家的小A，时常回到高中的学校里，从教室到收发室的小路上，似乎还能看到当年自己来回奔走的身影。大楼前夹道的梧桐还伫立着，还是当年的模样——曾经被自己写进故事里的模样。"也正是那个时候坚忍的自己，成就了现在的自己。"人生就是一场看似漫无目的的旅行，某个时间某个地点的某些看似毫无用处甚至无关痛痒的事情，最终都会决定未来道路的宽窄和走向。每一个以后，其实都被注定在某一个平凡的从前。

"一蹴而就"就是一个用来告诉人们没有事情是能够这样发生的词语。身材健美的人，一定在过去很长的时间，都处于高强度的锻炼中；能把代码写得比写汉字还顺畅的人，一定花费了很多个漫长的夜晚，对着电脑，绞尽脑汁地研究；能够安稳渡过每一次的波动和坎坷的人，看似一帆风顺的人，实际已经在迎难而上之前，付出了辛劳的汗水，做了充足的准备。

未来看似缥缈，很多人就在这种缥缈的错觉里，错过了一场有趣的人生。未来就在梦想里，在为梦想坚定走出的每一步里。想要成为舞蹈家的人很多，但是最终能够在偌大的舞台上跳白天鹅的人寥寥无几。日升月落，每一个抓紧梦想的日子，都是在亲手勾勒未来的模样。

不要再惶恐未知的以后，不要再害怕遥远的未来，以后的一切，其实早已在当下埋了伏笔，而我们就是始作俑者。因此，不必再惶恐逃避，不必再浪费宝贵的当下，要紧紧抓住自己的梦想，牢牢跟紧内心的声音，做自己最想做的事情，挤出零碎的时间，去自己最想去的地方，哪怕是长途跋涉，一路艰险。

梦想只有在我们奋力追逐的时候才有意义，否则便不是梦想，而是痴人呓语。想要实现梦想，就要追逐它、实践它，无论如何，都不要松开双手、停下脚步。因为我们追逐的不仅仅是梦想，而是未来的自己，我们最想成为的那个自己。

想到了就走快去做

一个人在机遇面前倘若总是优柔寡断、犹豫不决，就会遭到机遇的鄙夷与抛弃。机遇才不会等你，你不抓住，它一定会溜走。

所以，与成功相距最远的，就是那些优柔寡断的人。其实机会已经出现在面前，可你瞻前顾后，一会儿猜忌、一会儿顾忌，到头来却又抱怨命运不济。缺乏主见、意志薄弱，连自己的判断都不相信，还指望谁更信任你？更别说那些转瞬即逝的机会了。

在一个小镇的教堂里有一个十分虔诚的神父，他信仰上帝，终生未娶，到了 60 岁还是孤零零的一个人。上帝在天堂里看到了神父的虔诚，非常感动，于是打算回报神父。

一天晚上，神父在梦里看到了上帝。上帝对他说："我可爱的孩子，这么多年来你一直在教堂里陪伴我，这让我非常感动。所以今天，我托梦给你，我想告诉你，明天小镇上要发洪水，很多人都会被淹死。你不必害怕，到时候我会去救你。"神父早上醒来，回忆着这个梦，心里十分高兴。

这时候，一个警察来敲教堂的窗户，并且大声喊着："神父，快跑啊，小镇上发大水了，再不逃跑就来不及了！"神父走到窗前一看。果然，小镇的街道都被洪水淹了，洪水还在上涨。神父镇定地对警察说："你们先走吧。我要等上帝来救我！"

警察没办法，只能闷闷地走了。洪水还在上涨，很快就冲入了教堂。神父爬到了钟楼上。这时一艘汽艇开过来了，救援人员对着神父喊："神父，你再不走，就会被淹死了！"神父挥了挥手，说："孩子，你们先走吧，上帝他老人家会来救我的！"于是救援人员也走了。

洪水越来越高，神父最后没有办法，爬到教堂顶上，抱着塔尖，摇摇欲坠。这时候看见一架直升机飞过来了，这是搜救队搜寻最后的生存目标。老远飞机上就放下绳梯，飞机上的人对神父喊："神父，抓住绳梯，跟我们走吧，上帝不会来了！"神父还是不走，最后……他被淹死了。

死后，神父的灵魂来到了天堂，看到了上帝。神父气坏了，质问上帝："你说过要去救我，怎么说话不算数？"上帝一听也发火了："我没时间亲自去，就派了一个警察、一艘汽艇、一架直升机去救你，你还不走，你不是找死吗？"

你可能觉得故事有点可笑，但仔细想想，很多时候我们是不是像这个神父一样呢？当机会一次次出现，你却一次次拒绝它，固执于心中不成熟的想法。所以，当以后感觉某些事情有可能是个机遇，那么不妨大胆地尝试一下，或许那就是上帝给你的安排！否则，上帝也救不了你！

所谓"机不可失，时不再来"，犹豫不决的直接后果，就是导致你在人生的竞技场上折戟沉沙！所以，在一些必须做出决定的紧急时刻，不能因为条件不成熟而耽搁，你只能把自己全部的理解力激发出来，做出一个最有利的决定。你可能成功，也可能失败，但如果犹豫不决，那结果就只有失败了。

一件事情想到了就赶快去做，别在那百转千回地思来想去，你想得越多，顾虑就越多，如果什么事情都要想到百分之百再去做的话，那么你只能落于人后，什么都不想反而能一往直前。你害怕越多，困难就越多，什么都不怕，一切反而没那么难。生存的法则就是这样，你不敢实现梦想，梦想会离你越来越远，当你勇敢追梦的时候，全世界都会来帮你。

有些事，并不是我们不能做，而是我们不想做。只要我们肯再多付出一分心力和时间，就会发现，自己实在有许多未曾使用的潜在本领。要使做事有效率，最好的办法是尽管去做，边做边想。养成习惯之后，你会发现自己随时都有新的成绩：问题随手解决，事务即可办妥。这种爽快的感觉，会使你觉得生活充实、心情愉悦。

挺过了严冬，春天就会来临

没有人可以选择自己的出身。是郊外的小草，还是温室里的玫瑰，并不是我们所能控制的。我们能做的就是接受我们的出身，小草也好，玫瑰也罢，该我们面对的就得面对。

梦想不是一朝一夕就能造就的，需要我们在挫折中经受一次又一次命运的考验。那是命运给我们的考题，没有谁可以回避。通往美好的道路上肯定有我们不知道的荆棘，这些会成为阻碍我们向前的阻力。只要我们怀着必胜的信念，抱着热情洋溢的态度、积极的心态，迟早有一天，会将阻碍我们前行的阻力击败。再卑微的小草，只要挺过了严冬，就能嗅到春天的气息，成为春意盎然中生机勃勃的一员。

所以，现在我们不要被严冬的风霜雪雨吓倒，或许现在我们是卑微的，但是我们的未来一定不会卑微。

沿着梦想前行，我们会变成勇猛无敌的战士，迎着美好的梦想大踏步前进。这个时候我们就会发现，原来我们人生最美的季节是实现我们梦想的未来！

1954 年，劳尔德·贝兰克梵出生在纽约。父亲是个普通的邮件分拣员，微薄的收入，难以维持一家人的生计，更别说拥有一栋属于自己的房子了。一家人只能住在纽约最糟糕的廉租房区之一的布鲁克林的小区里，"享受"着"贫民窟"式的生活。

7 岁时，贝兰克梵去捡破烂。13 岁时，他开始在一些篮球赛场卖苏打饮料。和别的孩子不同，他很会"钻空子"。这个空子，其实就是其他人不愿做的"留"给他的机会。观众席的最边上，客人挥挥手，说："嘿，这里要一杯苏打!"那时的托盘非常重，他托着托盘从人堆中穿过，走好长一段路就是为了赚一瓶饮料的钱 2 美元 75 美分。

如此辛苦，还是无法改变生活中的窘境。但贝兰克梵很会找乐，往往在一些客人用来垫屁股的杂志中，找到乐趣。慢慢地，他喜欢上了阅读，读历史，尤其是传记，总会被书中一些名人的成长经历深深地吸引。

就是在不断的阅读中，他长了见识——既然疲于奔命的辛苦劳作，也无法改变生活，那唯一的办法就是设法走出布鲁克林。16 岁时，贝兰克梵参加了大学入学考试，成功申请到哈佛的奖学金。

贝兰克梵之所以选择哈佛，仅仅是因为在他简陋闭塞的生活中，只听说过有所大学叫哈佛，压根儿不知道这所大学是多么令人神往。

1978 年，贝兰克梵取得了哈佛法学博士学位，成为纽约一家大律师事务所的税务律师。可这份工作并没能满足贝兰克梵的好奇心，他觉得自己的兴趣和专长适合做销售。于是，他向高盛公司递交了简历却没通过招聘。

哈佛，一个世人仰慕的大学，他却考上了，而高盛招聘却把他拒之门外。贝兰克梵很难接受这个现实，曾一度变得萎靡不振，经常去拉斯维加斯玩扑克寻求刺激，最终染上赌博的恶习，而无法自拔。

没被生活的困难所击败，相反，却被一场招聘压倒。对于贝兰克梵的"无法自拔"，父亲没有过多地指责，只是针对他喜欢的传记体小说，说："传记最吸引人的一点是，书中的人物在自己生命的初期，也就是前50页当中，是不会知道他或者她会在第300页时取得成功的。往往一本小说的最精彩之处，是在第50页之后……"

第50页之后，喜欢传记小说的贝兰克梵再清楚不过了：那些成功的仁人志士，正是在一次次失败当中，才逐渐成长起来。为什么我经历过一次失败，就颓落成这样呢？

进不了高盛，但也要做销售。1981年，贝兰克梵决定离开律师事务所，进入大宗商品交易公司J. Aeon做销售员。干起销售来如鱼得水的他，更是意气风发，以帮助过一位客户做1亿美元的债券组合的业绩，而成功地晋升为"金牌销售"。就是这一辉煌的成绩，最终使他成为高盛的一名员工。

高盛一直以来总是给外界一个毫不留情的印象，它以惊人的速度将精英吸纳进来，又会以惊人的速度将不合格者扫地出门。极具危机意识的贝兰克梵意识到，要想在这个国际著名投行中站稳脚跟，就必须做出令人刮目相看的成绩来。

2002 年，贝兰克梵掌管的高盛支柱部门——固定收益商品部创造了高达 1270 万美元的收益，而当时高盛董事长兼 CEO 亨利·鲍尔森所负责部门的收益也不过 960 万美元。

凭着一连串赫赫战绩，贝兰克梵打败了两个"土生土长"的接班人，2003 年 12 月成为高盛总裁兼首席运营官。2006 年，鲍尔森被布什任命为美国财长，贝兰克梵顺理成章走上高盛集团的最高位置，并被誉为"华尔街最聪明的 CEO"。

人生以这样作为开端，在很多人眼里可能连野外的小草都不如。可是，贝兰克梵就在这样的环境中，把自己的人生活得有声有色。他考取了哈佛的法学博士学位，却不喜欢单调的律师生活，想去高盛，却被拒绝。有过情绪波动，又调整好，最后终于达成了他的愿望。

所以，人的出身并不重要，是小草还是玫瑰也不重要。这个世上取得成功的人，并不是因为他们不平凡，而是在对未来的把握上，比我们多了一点勇气和坚持。只要积极地给自己沐浴阳光，每一棵小草，都将通往春天。只要你坚持下去，春天就会来临。

只要坚持总能绽放光彩

任何时候我们都要记住一点，理由永远没有行动来得重要。想让自己绽放光彩，就必须让自己行动起来。只有行动、只有不断地坚持，只有不断地破解难题，才有机会站到我们想站的地方。

没有谁是注定不能成功的，任何人都有绽放光彩的一天。所以，我们不要轻易被困难吓倒。只要你坚持，你也可以有你向往的未来，也可以幸福地站在你想站的位置。

任何时候我们都要记得，我们的目标是什么，达成这样的目标我们必须要做什么事。既然这是我们必须要突破的阻碍，我们又有什么理由中途放弃？那是对自己人生的不负责。不管什么理由，都不能让我们放弃追求美好的人生。

胆怯也罢，阻力也罢，想掌握自己的未来，必须战胜胆怯，攻破阻力，持之以恒地坚持下去。只有不懈地坚持，才能接近成功；只有不懈地坚持，才有绽放光彩的一天！

我们一起来看一个故事，看看成功人士在绽放光彩之前经历的是什么。

从13岁起，他就常常莫名其妙地被养母斥骂，甚至被扇耳光。他不得不捂住脸跪地求饶，保证今后再也不敢，养母才会罢手。他委屈地向家人哭诉遭遇，这才知道养母患有精神疾病，一旦受刺激便要找人发泄。他呆住了，从那以后每次她发病，他便主动跪地求饶，直到她安静下来。

如此这般，周围的人都以为他常常干伤天害理的事，走到哪里都会招致非议。他没把这些太当回事，依然选择打工赚学费，供养母生活，还为她治病。他学习成绩很好，大学毕业后留校任教，很快被任命为校长。他不舍得撇下养母，尽管她时常发病，对他破口大骂，要他跪地求饶。这样直到他50岁，养母的病才慢慢痊愈。

也就在这一年，他参加了总统竞选，结果民意并不高。他失落地向民众做最后的演讲……就在这时，养母突然来到现场，没等他反应过来，就又抽了他一巴掌，大骂起来："你个蠢蛋……"

　　所有人的目光都被吸引过来。养母越骂越凶，他以为养母旧病复发，再度跪地求饶。但养母突然停了下来，挽起他说："我要告诉大家一个秘密，我的养子就像刚才那样已经忍受了 37 年，无怨无悔地向我跪地求饶了 37 年。除了刚才我是在装病外，37 年来我是真的病了，我这样做是想告诉大家，选择让他这样的好人当总统，将会是国家的福气……"

　　一席话震撼了所有人，他的选票迅速攀升，一举赢得了竞选。他就是美国第 20 任总统詹姆斯·艾伯拉姆·加菲尔德。

　　加菲尔德常对身边的人说："一个人的成功，除了要有强烈的进取心外，还要有强大的忍耐力。面对命运的不公甚至不幸，只要坚持忍耐下去，它们迟早会转化为让你更加强大的力量。"

　　即便那次没有他养母的一番说辞，即便那次詹姆斯·艾伯拉姆·加菲尔德竞选失败，詹姆斯·艾伯拉姆·加菲尔德的成功也是必然的，他迟早会成功的。

　　坚持还有一个规则就是忍常人不能忍。所以，即便我们有很多可以放弃的理由，我们也不要轻言放弃，忍一忍，就会过去，那样就离我们绽放光彩的日子更近一步了。

　　我们要坚持我们的目标，不断用我们的行动缩短我们与目标之间的距离。任何时候我们都要记住一点，理由永远没有行动来得重要。想让自己绽放光彩，必须让自己行动起来。只有行动、只有不断地坚持，只有不断地破解难题，才有机会站到我们想站的地方。如果轻而易举就被难题吓跑了，那么我们只能卑微地躲在人群里，悄悄地低下头颅。

　　我们不推崇胆小的逃兵，我们崇尚凯旋的英雄。我们要竭尽所能，坚定我们的步伐，走我们想走的路。

第三章
不要相信命运，用自己的肩膀扛起未来

你一直认为自己天生就是受穷的命，所以你不自觉地削弱了自己的赚钱动机，因而错失了很多机遇。志在顶峰的人不会留恋山腰的风景，甘心做奴隶的人永远也不会成为主人。

做一个像向日葵一样的人，无论漫漫长夜如何黑暗、如何萧瑟，要昂着头等待着清晨的第一缕阳光。无论遭遇什么样的挫折，都要保持勇敢向上的心态，害怕和逃避从来都不是结束逆境的方式。只有勇敢地站起来，用自己的肩膀扛起自己的未来，即使步入泥沼也不停止前进的脚步。

努力，就会过上想要的生活

如果做这样一个户外调查，随机找街上的行人询问他们："拥有什么样的人生，你才会感到幸福？"答案一定是五花八门的，其中不乏庸俗的、天马行空的、不切实际的。但是，无论如何，我们都应该相信一句话——我们值得拥有想要的幸福。

年轻的时候，我们都设想过这样的生活——努力挣钱，读完自己想读的书，走遍这世界所有想去的地方，做想做的事情，吃遍所有美味的食物，阅尽这世间最深刻的儿女情长。但随着时间的推移，我们的愿望清单上的愿望就会变少，不是因为都完成了，而是因为我们发现自己的能力跟不上自己的想法，于是划掉了很多愿望，最终，很多人的愿望清单都躺在了楼下的垃圾箱里。

天马行空的设想和憧憬，我们每个人每天都会进行。但是，不是靠天马行空的幻想，幸福生活就会变得唾手可得——毕竟我们不是阿Q。大多数人的生活场景是：朝九晚五地工作，回家洗衣服做饭，家里孩子哭、爱人隔三岔五地吵架，三姑六婆没事就串门说闲话。

这难道是所有人都该走一遭的生活轨迹？这样的生活真的能称得上幸福吗？每个人的心里都有自己的答案。无论赞成与否，无论是谁，我们都应该努力过上自己想要的生活，都应该勇敢地为自己想要的生活而奋斗。

　　某个人在和妻子的婚礼上，曾许诺："你说你的梦想是周游世界，此后，我将用尽我的一生帮你实现这个梦想。"当时场景温馨而感人，很多宾客感动落泪。而现实是，结婚一年之后，两人便宣布离婚了。

　　但是，面对男人的背叛，没有自暴自弃，也没有怀恨在心，她选择了最潇洒的方式——独自背起行囊，周游世界。

　　很多人在感慨羡慕的同时，会自问为什么自己做不到，为什么自己在面对背叛和伤害的时候，只会一味地伤害自己，而不能洒脱地退一步。泪眼婆娑，一天也只有24个小时；开怀大笑，一天也是同样的24个小时——为什么不能幸福地度过每一天呢？

　　故事中的那个女人最吸引人的地方，就在于她看上去永远那么得体，似乎没有什么能够打倒她。即使受到了莫大的伤害，她还是选择回馈生活以微笑。周游世界，是她的梦想，即使没有人来帮她实现，她仍旧用尽全身的力气，朝着梦想，朝着美好的生活跑去。

　　很多时候，正是所谓的"大家都这样"束缚了我们的思想，局限了我们的选择。人生在世，又不是要去完成既定的任务而生活，为何不能反问自己一句：这是我想要的吗?!

　　如果知道幸福在哪里，为何要在半路停滞不前？往前走吧！我们值得拥有幸福满满的一生。

　　所有关注她的人都随着她的脚步游历了半个世界，我们看着她在帕劳的海底，宛如一条优雅的人鱼；看着她在冰天雪地里漫步，似乎全世界只剩下她一个；看着她在挪威拍摄的极光，美得让人窒息。她自己也曾坦言："如果当年的我知道现在的自己能够如此地来去自由，一定会追不及待地长大吧。"

　　这世界上除了自己，没有人能够给自己救赎，除了自己，没有人能给予自己真正的幸福。无论是否遭遇了不幸的事情，我们都有权让自己获得属于自己的幸福生活。有时候，悲剧只是生活中的调味品，它们的出现不应是为了打垮我们，而是给我们更充足的理由去追逐自己心心念念的幸福。

　　如今生活美满的 A 也成了很多人羡慕的对象，在遭遇了第一次婚姻失败和家暴的不幸之后，A 开始健身、旅游和享受美食，她开始全身心投入到自己喜欢的事情。一段时间之后，人们发现，那个在离婚时面色发黄、身材微胖、皮肤松弛的 A 变了，变得充满了朝气和活力，长期跑步健身也让她的身材凹凸有致，曲线优美。

　　更令人赞叹的是，正是在健身的时候，她遇到了×，开启了一段全新的婚姻生活。如今他们的儿女都出世了，儿女们的陪伴，爱人的关爱有加，更是让 A 的生活溢满幸福。

　　幸福没有定义，也并非唾手可得。它需要我们每个人赋予它特定的意义，然后勇敢地去追逐它。这一路或许会顺风顺水，或许需要披荆斩棘。但无论哪一种方式，任何人包括我们自己，都不该剥夺自己幸福的权利。如同花朵就应该绽放，绿叶就应当茂盛，草原就应该辽阔，大海就应该一望无际一般，我们都应该过得幸福。

　　虽然通往幸福的道路不一定是平坦的，也许会有各种各样的插曲，也许会遇到五花八门的曲折，也许会遇到形形色色的人，但这些都只会点缀你的幸福，让此后的幸福显得更加饱满。当你每一天睁开眼睛，面对的都是自己想过的生活，看到的都是自己喜欢的人，做的都是自己想做的事情；不再畏惧遭到不幸，不再倦怠于当下，把梦当作摇滚乐的时候，便是幸福澎湃的时候。记住，时间会还给勇敢往前走的人幸福美好的时光。

甘做奴隶的人不会戒为主人

一个人怎样给自己定位，将决定自己的人生，你是堂堂正正地站着，还是低三下四地跪着，全在于此。志在顶峰的人不会留恋山腰的风景，甘心做奴隶的人永远也不会成为主人。

就算你再年轻、再没有经验，只要肯把全部精力集中到一个点上，最终都会有所成就；即使你很聪明、很有天赋，但如果流连市井，最终也就只能平庸一生。再难的事，只要你有志气，且能够专心致志，就能做成，但如果心思散乱、胸无大志，哪怕只是不起眼的成绩，你做起来也会比登天还难。人生中，你给自己定位成什么，你就是什么，定位能够改变人的一生。

有位双腿残疾的青年在长途汽车站卖茶叶蛋。由于他表情呆滞、衣衫褴褛，过往的旅客都错把他当成了乞丐，一上午过去，茶鸡蛋没卖出几个，脚下却堆起了不少的零钱。

那天，有一位西装革履的商人经过这里，与众人一样，他随手丢下一枚硬币，然后毫不停留地向候车室方向走去。但没走出几步，商人突然停住，继而转身来到残疾青年面前，拣了两个茶叶蛋并连连道歉："对不起，对不起，我误把您当成了乞丐，但其实您是一个生意人。"

望着商人逐渐远去的背影，残疾青年若有所失。

3 年以后，那个商人再次经过这个车站，由于腹中饥饿，便走进附近一家饭馆，要了一碗云吞面。付账时，店主突然说道：

"先生，这碗面我请您。"

"为什么？"商人大感不解。

"您不记得了？我就是3年前卖给您茶叶蛋的'生意人'。"他有意加重了"生意人"三个字。

"在没遇到您之前，我也把自己当成乞丐，是您点醒了我，让我意识到自己原来是个生意人。您看，我现在成了名副其实的生意人。"

其实每个人都有惊人的潜力，就看我们是否愿意唤醒它。事实是，如果你将自己看得一文不值，那你或许就只能做个乞丐；若是能够把自己看作是"生意人"，你就一定可以成为"生意人"。是蜷缩在阴暗的角落拣拾残羹剩饭，还是坐在明亮的写字楼中点兵派将，全在你的一念之间。如果我们能够将"自卑""自毁"从自己的字典里挖出去，我们的潜能就一定会被激发出来。但更重要的是，我们要善于发现自己，而不是等着别人来发现。

然而在现实中，总有这样一些人让人打心眼里瞧不起，他们也许受了"宿命论"的影响，任何事都指望着上天来安排；也可能是因为本性懦弱，总是希望别人帮助自己站起来；或是因为责任心太差，该做的事情不做，没有丝毫的担当……总之，他们给自己的定位实在太低，所以遇事不敢为人之先，一直被一种消极心态所支配。

毫无疑问，那些错误的、过时的定位是隐藏在我们心中的毒药，荼毒我们原本进取的心灵，导致离高层次的生活越来越远，所以必须及时更新自己的定位，改变那些庸俗的想法，给自己一个正确的定位。

让灵魂跟上脚步

每个人的成长，都要付出很大的代价。在这个漫长过程中最令人叹息的就是，很多人在"拔节"的途中失去了思考和自省的能力，而这恰是我们最应该提升的能力。在弥足珍贵的时光里，能够做到让灵魂和脚步如影随形的人，才能有完美的人生。

如果人类拥有超级英雄——"快银"的能力，可以尝试着随意选择一个地方，让时间暂停，无论是马路上、地铁里，还是商场中……时间骤停之后，我们会惊诧地发现，似乎这世界上的每一个角落都充斥着行色匆匆的人，但绝大多数人都机械地重复着昨天。

快节奏的生活让我们终日马不停蹄，很少有人会停下来，去审视一下，自己是否在丢盔弃甲的路上遗失了最重要的东西？

二十多岁的年纪，没有钱、没有车、没有房的现实让很多年轻人变得急躁，脑子里的想法一个接一个地蹦出，但每一个想法都会被下一个想法取代，甚至被扼杀，于是他们垂头丧气。生命里本应无限美好的时光，竟这样被如此稚气的头脑蹉跎得干干净净。

古人说，"磨刀不误砍柴工"。这句话很多人都听出了耳茧，但他们仍然在盲目地追求着更快。然而，越是浮躁，越是感觉自己不能停下，这正是应该停下脚步等等自己的灵魂的时候。在时光还未与我们背道而驰的时候好好审视自己。

微博上的一张地铁场景图引发了很多人的热议，英国的地铁里，大多数人在阅读书籍或者报纸；而在中国地铁里，大多数人在低着头玩手机。先不谈英国的地铁场景图能否代表其国内真实的情况，我们清楚的是中国的地铁场景图是很真实的。在地铁里，刷微博、发朋友圈、看电视剧、玩手游的人占了百分之九十以上，而真正充分利用这段时间来为自己的梦想添砖加瓦的人少之又少。

我们可以拼尽全力地奔跑，但背后一定要有强大的灵魂支撑着。前行的过程像出演一幕盛大的舞台剧，时光给予我们每个人在台下准备的时间是相同的，而机会永远只会垂青准备最充分的人。

很多人在大学毕业的时候，都只会英语这一门第二语言。有一个女孩非常喜欢法国文化，她一直憧憬能够进入一家法国企业工作。毋庸置疑，流利的法语就是实现这个目标的关键步骤。毕业一年之后，她如愿进入了一家法国企业。她是如何做到的呢？

和所有人一样，她的生活被每天朝九晚五的工作占据了大部分时间，不同的是，在工作以外的时间里，她总能抽出零碎的时间学习法语，哪怕只有二十分钟。时间不负有心人，从对法语一窍不通，到一口流利的法语，她只用了一年的时间。

这样的人很多，他们隐藏于我们之中，他们看似毫不费力地实现了目标，但在这背后，他们却做到了正视自己，步步为营。

只把目标和梦想挂在嘴上的人，永远不会体会到目标被实现的那种喜悦感，他们只能一边垂涎他人的成功，一边抱怨和懊恼自己过失。我们早该逃出不劳而获的思想牢笼，停下脚步，学会谦卑和踏实，在快速奔跑的同时能够停下来等等我们的灵魂。

我们之中，能够在忙碌的工作中抽出哪怕半个小时的零碎时间来看书或者运动的人屈指可数，其中能够在工作之余，日复一日地坚持着的人更是凤毛麟角。下班之后，吃着外卖看着剧，吹着空调打游戏，和朋友聚会吐槽的人的数量大大超过了前者。倘若是站在后者队伍里的人，那么便没有资格终日叫嚣着完成不了梦想，看不见未来。放慢脚步吧，哪怕只为了不虚度这美好的时光，我们都应该利用零碎的时间来拼凑完整的自己。

每个人都希望自己有好身材，男生想练肌肉，女生想练马甲线。但仅仅停留在想的阶段的人很多，真正付诸行动的人却很少。心血来潮地做几个仰卧起坐完全不会带来任何改变，最多只会让我们的虚荣心得到一种虚无的满足。我们应当对这样的满足感感到羞愧。

在当今社会中，很多人依靠着这样的满足感日复一日地催眠自己。而类似于练马甲线这样的事情做起来真的困难吗？答案必然是否定的，只需要每天晚上抽出半个小时来做运动，也许仅需一个月，就能够看到明显的成效。

我们一生中的每一天都是不可重复的，我们应该停止对如此美好的时光进行肆意的挥霍，做一个勇敢地打磨完整灵魂的人。成功并不是大人物的专利。

我们之中的大多数，都是这个偌大的世界里的平凡人，应该从做自己力所能及的事情开始，一步一个脚印地走下去。这是收益最大、成本最低的做法。因为慢慢地走，才能走得更稳，才能不断丰富自己的精神世界，才能走得更远。无论梦想着什么、对未来有怎样的期待，做一个灵魂完整、能支撑得起目标的人，才是快节奏的生活里该有的"慢节奏"。

每天花半个小时读书、半个小时健身、半个小时学习感兴趣的事物，对所有人来说都是力所能及的事情。可贵的是，能够看到自己灵魂的缺失，看到自己距离梦想的距离，了解实现梦想要做的功课的人还是大有人在。完整的灵魂是一种精神境界，空想主义、抱怨主义和惰性主义是达到这种境界最大的阻碍。因此，不要再机械地重复着你蹉跎的昨天，在还未被时光辜负的时候，不要再自怨自艾，肆意挥霍大好时光；在灵魂没有跟上脚步的时候，不要再无所作为，找借口抱怨生活。

慢下来，一切都来得及；停下来，思考之后一切都会变得清晰；努力起来，灵魂才会变得充实；勇敢地行动起来，时间才会带来惊喜。不应是"时光，你等等我"，而应是"时光，我跟得上你"。

能够改变命运的只有自己

社会中，很多人表达对当下生活不满的方式就是怀念过去。我们总是觉得逝去的时光弥足珍贵，因此我们追忆、追忆、再追忆，把时间都用在弥补过去的遗憾或者重复过去走错的路上。最美好的时光是什么？如何判定？什么样的时光才是最美好的时光？绝大多数人都会思考甚至质问这个问题，而答案正如"不识庐山真面目，只缘身在此山中"一般，最美好的时光就是当下——是每一个努力让生活更美好的瞬间！

含着金钥匙出生的人毕竟很少，绝大多数的人都来自平凡的家庭，有着极其普通的背景。但是，同一个起跑线出发的我们，却有着千百种不同的归属和结局。差异的源头就是，我们是否真正努力过。的确，童年很美，懵懂青涩的岁月很美，单纯悠闲的学生年代很美，年轻的时候很美……但人生不如意之事十有八九，这些所谓美丽的时光不过是我们不愿改变现状的借口。

同样的模式循环了很多次，我们总是会叹息逝去的岁月如何珍贵，如今无论如何都无法回头。不可否认的是，大多数人都有过这样的想法，也都听到过太多类似的说辞。但是愿意直面现实的人很少，而现实是可以改变的，我们可以把最糟糕的时光变成最美好的时光。

电影《风雨哈佛路》的原型莉丝·默里出生在一个父母都是毒贩的家庭里，在莉丝还在读小学的时候，母亲就多次被强制戒毒。在没有母亲的家庭里，莉丝和姐姐每天吃父亲从垃圾堆里捡来的食物，后因长期未到学校而被相关部门强制带离父亲身边。母亲去世、父亲被送进收容所、祖父拒绝照顾自己……种种事情接二连三地发生在莉丝身上。

一个成年人可能都无法承受如此多的打击，而当时的莉丝只是一个十几岁的女孩。尽管生活似乎有意和莉丝开残酷的玩笑，莉丝却没有在一连串的打击中沉沦。生活越是对她苛刻，她越是变得坚强，她认识到一个事实——能够拯救自己的人只有自己。

"你断了每一条路，拒绝了每次机会，你令所有曾经信任你的人都失望了。"这是电影里的一句独白，正是在这样的环境下，莉丝选择了积极面对和改变自己的现状和未来。

通过自己的努力，她获得了私人学校老师韦纳的认可，从而得到了正规的学习机会。没有地方住，她就去食品店打工，把笔记夹在高处，一边洗碗一边温习。清晨，地铁运行的时候，她就缱绻在长椅上睡一会儿。每天最早到学校的人是莉丝，最晚离开的也是莉丝。在很多人都认为 A⁻ 是个很高的分数，莉丝却要求老师再一次批改自己的论文，因为她想知道自己哪里没有做好，既然 A 是最高的分数，她就要知道该如何做到最好。在那段时间里，莉丝同时学习 8 门课程，一刻不敢偷懒，似乎她身体的某个发条被拧足了劲，她用了别人二分之一的时间学完了高中的所有课程。

当在地铁上遇到收容所里的朋友时，莉丝尝试着让朋友和自己一起学习，在遭到朋友的嘲笑和拒绝时，莉丝仍旧坚持自己的梦想，尽管在很多人看来这是不可能的事情。

生活似乎对莉丝非常不公和苛刻，最后莉丝的母亲也因为罹患艾滋病及其他并发症而离世。后来，莉丝在接受采访的时候说："就在那个时候，我明白了，我必须要做出选择。我可以找千百个借口，让自己向生活低头，也可以强迫自己去争取更好的生活。"最终，莉丝选择了后一种方式，向生活发起挑战，最终战胜了命运。她的故事感动和激励了很多人，她自己也获得了《纽约时报》的最高奖学金并进入了哈佛大学深造。

与莉丝相比，我们大多数人的生活虽然平凡，但可能一生也不会遇到如此多的苦难。但最终莉丝的成就却是很多人望尘莫及的。可见，能让我们坚强的不是苦难本身，而是我们自己——能够让自己生活得更好的只有我们自己。

能够帮助自己的只有我们自己，能够改变我们生活的人也只有我们自己。纵观我们的一生，没有哪一段时光能被贴上"最美好"这个标签，因为每一段时光对于我们每个人来说，都是不能倒退和重来的。若我们能够努力地抓住它、利用它来改变自己的生活，那么我们的一生都是最美好的时光。

我们每个人都应该相信时光的力量。从此刻起，珍视时光，把每分每秒都用在对的地方。不断地努力，不断地尝试，要一直相信我们有能力带给自己惊喜。当最终我们凭借自己的力量完成了哪怕一个小目标的时候，便会感叹这饱含自己努力的硕果竟如此甘甜，不禁发现这眼下的时光竟是如此美好。

美好的时光就在我们触手可及的地方，我们只需要奋力地朝着它奔跑。

勇敢地追逐自己的梦想

我们做的每个决定都会对我们的生活产生或微小或重大的影响。如同黄油遇热，它可能会当时就显现出效果，或宛若蝴蝶效应，它会在未来的某个时刻突然爆发。很多时候，一瞬间的决定，会让事情朝着两个方向发展，结果迥然不同甚至是两个极端。

经典美剧《老友记》里的瑞秋·格林在和牙医巴瑞结婚时逃婚，无处可去的她想起了住在同城的高中玩伴莫妮卡·盖勒。从她离开礼堂前往中央公园咖啡馆的那一刻，她的命运彻底改写了。

当父亲停掉了给瑞秋用的信用卡之后，住在莫妮卡家中的瑞秋只能自己挣钱养活自己。大家围着瑞秋，鼓励她剪掉了所有的信用卡。莫妮卡对心情复杂的瑞秋说："这个世界很糟糕，但是你会爱上它的。"这句话也成了《老友记》的经典台词之一。后来，瑞秋经历了找工作的痛苦，当咖啡厅服务员的迷茫，当导购员的无助，当助理的辛苦，最终一步步晋升成为一个部门的主管，甚至被路易·威登看中，邀请她去时尚之都——巴黎。

试想，倘若当时的瑞秋没有逃婚，嫁给了收入不菲的牙医巴瑞，过上了衣食无忧的生活，每天和富太太们一起购物、逛街、做 SPA，然后怀孕生子，过上相夫教子的主妇生活。这样的生活和剧中瑞秋的故事也将大相径庭，而如果是这样一个通俗的故事，这部剧大概也不会热播 10 年，并且成为了美剧的经典作品之一。

"不是剪了和瑞秋同样的发型，就会成为下一个瑞秋·格林"，这是因为剧中的瑞秋·格林是一个努力且勇敢的女人，出生于富裕家庭的她，选择了靠自己的能力去过自己想要的生活。她的每一次看似不经意的选择，都为她之后的生活带来了意想不到的惊喜。

我们每个人都是瑞秋，拥有无数次选择自己生活的权利。而为何我们会时常后悔自己曾经的决定，又为何很多时候我们的决定把自己推向了深渊。这是因为，人生模式不是在走到岔路口的时候，随便选择一条路，就能通往想去的地方。每一次选择，都可能是一次赌博。因此，当面临选择的时候，我们应该勇敢，应该听从自己内心的声音，不要因为恐惧和懒惰而选择了逃避和享乐，甚至误入歧途。

当生活遭遇滑铁卢的时候，选择畏惧和逃避，只会让以后的生活变得更加糟糕。如今，很多孩子没有经历过苦难的磨砺，在遭遇挫折或者家道中落的时候误入歧途。人生如戏，很多时候选择的路不同，结局就是天堂和地狱之别。

如何做出正确的选择？这个问题是无解的——我们无法保证一生中所有的决定都是无误的。但是，人生就是一场无止境的修行，为何不选择一次勇敢的冒险，奋力地追逐梦想呢？停下来，或许就是一辈子，而勇敢地走在路上，一趟跋山涉水的旅程就是一段美好的时光。

菲利普和德瑞斯的故事被改编成电影《无法触及》。富翁菲利普因为一次跳伞事故而导致终生瘫痪，生活完全无法自理。在辞退多个看护之后，他遇到了一个特别的看护——德瑞斯。起初，德瑞斯的目的只是为了让菲利普在自己的文件上盖章，好让自己去领取失业救济金。菲利普给了德瑞斯一个月的试用期，在这期间，德瑞斯的生活方式和态度改变了菲利普，让残疾之后有些孤僻和自卑的菲利普开始接触更多的人，尝试自己一度不敢再触碰的事情，和倾慕已久的女友见了面，甚至克服了心理障碍，又一次体验了曾经热爱的跳伞运动。

生活从未剥夺我们自由选择的权利，是我们束缚了自己，用懦弱的暗示来蒙蔽自己的眼睛和心灵。我们每个人，都应该赋予自己的生命一定的意义，无论是名垂青史，或只是让自己的人生少一些遗憾。

生命对我们都是宽容的，它给予了我们大把的时间去奋斗和改变，而我们要做的就是勇敢地选择自己应该走的路，然后付诸努力，靠自己的力量走向成功。

不要在应该选择勇敢的时候，选择了懦弱；不要在应该选择前行的时候，选择了倒退；不要在还有选择的时候，选择了放弃。没有多少年华是我们可肆意挥霍的，在现实的生活里，很多随意的、武断的、错误的选择无法回头。因此，在做选择的时候一定要对结果做大致的估量，不要为了逃避和享乐而选择了错误的人生道路。

美好的时光如白驹过隙，我们一定要勇敢地选择自己想要的人生，勇敢地追逐自己的梦想、勇敢地抓住美好的时光的人，终会获得时间的垂青，看尽世界的美景，享受生命里所有的繁华。

用自己的肩膀扛起未来

扶南说："二十几岁的时候，拼命地想要拥有三十几岁的经验和智慧，想要自己的生活过出质的飞跃感。于是设法从前辈那里吸取经验和教训，想让自己的人生少走一些弯路。但是，走过之后才发现，该摔的跟头一个也没少，该走的路一步也没少，该吃的亏一个也没少，这才明白人生需要各种各样的经历，没经历过苦难和不幸的人生，不完整也不踏实。"

我们每个人都想走捷径，希望自己人生少走些弯路、少吃些苦。但最终发现，这些想法幼稚得如同痴人说梦。

最近，某歌星的名字在沉寂了很久之后，再次回到了公众的视野。原本大家都以为在过了 2006 年的事业巅峰之后，他将永远淡出公众的视线。的确，2006 年之后，关于他的新闻少之又少。2014 年起，他开始在微博上写段子，用幽默的语言和粉丝们分享生活中的趣事，即使是倒霉的事情，经过他的描绘，也会让粉丝们开怀大笑。一年之后的 2015 年，他的段子才开始在微博上红起来，他又一跃成为风口浪尖的风云人物。复出似乎是每个明星都会经历的过程，然而如果仔细了解这位明星背后的故事，就会发现，他真的是个非常励志的人。

出生在普通家庭的他，4 岁便失去了母亲。父亲成了家庭唯一的劳动力。他几乎是由年迈的奶奶带大的。高中毕业之后，父亲变卖了家里的房子供他去瑞士读书。但和某些留学生不同，他没有花家里的钱，在异国他乡享受生活。他选择了一边打工一边读书，只要有空余的时间，他基本上都在餐厅做兼职。

他曾被黑人老板嘲笑、侮辱，甚至被要求去捡狗屎，但他都默默地挨过了这一切。在瑞士打工一年，他就存了 20 万元，正常的上班族一年都不太可能完成这个数字的存款，而他做到了。他自己说，"工"就是"打"出来的。

瑞士的交通费用很高，这个励志的男生，为了节约来之不易的小时工资，时常会在车站过夜。成名之后，他还为这座城市创作了一首歌，把对这座城市的记忆和怀念都写进了词里。

了解了该明星的成长故事之后，再去听他的歌曲，会莫名地体会到其中蕴藏的很深刻的情感。再去看他微博上的段子和幽默的照片，不禁会想起那句话——"那些让你难过的事情，有一天，你一定会笑着说出来。"

向日葵是一种特殊的植物，无论何时何地，始终面向着太阳生长。如果我们在品尝过生活的苦涩和辛苦之后，仍然能够保持一颗初心，积极生活，我们也将如同向日葵一般，见到天明。它们从不惧怕黑夜的漫长、孤单和寒冷，因为挨过了黑夜，太阳总会升起；挨过了寒冬，春天终会到来。

曾经我们以为那些过不去的坎，其实都会过去；我们以为无法抚平的伤痛，其实都能自愈；我们以为忘不掉的事情，在时间的冲刷下，都会被荡涤干净。地球不会停止转动，时间不会停止流逝，四季也不会停止变化，这世间没有什么是永恒的。可是，为何还有很多人一直描述自己生活在黑暗里，始终不愿意走出救赎自己的那一步？

我们一定要走完不想走但必须走的路途，才能成长，在应该吃苦的年华里，不应该逃避生命中必须经历的坎坷。

某市的高考状元在接受记者采访时，竟然情不自禁地流下眼泪。原来这个看似阳光的男孩曾经历了这个美好年纪里不应经历的困苦。男孩的父母没什么文化，被亲朋忽悠加入了传销组织，被警方抓获之后，父亲被判无期徒刑。母亲虽未获刑，但经历了这场变故之后，终日抑郁，最终在男孩高二的时候离世了。父亲的兄弟不同意男孩由奶奶照顾，于是男孩的外祖母便承担起了照顾男孩的责任。祖孙二人，其中的相依为命苦楚不用说，想想也能明白其中艰辛。

当被问起这些事情的时候，男孩说："我无法重新选择或者改写我的家庭，妈妈离开了我，爸爸还在监狱里，不知道是否能够再次团聚。年迈的外婆终日操劳照顾我，我能做的就是努力学习，靠自己的力量改善家里的情况，其他的事情我不去想，也没有时间去想。"男孩的表情一直很平静，似乎接受了生命对他过早的考验，而在这个阶段，他也交出了让人欣慰的答卷。

后知后觉是生活中最常发生的事情，人们常说要爱过了才懂，走过了才懂，苦过了才懂，痛过了才懂。是的，像生老病死一样，我们的人生其实还有很多个无法逃避的循环。我们没有资格自怨自艾，没有资本抱怨现状，因为每个让我们不满的现状，都是我们自己造成的。如果生活在窘境里，最应该做的是扪心自问，我们已经贪婪地享受了很多现状带来的好处，而现在为何又不满？那只是因为我们想要更多，且不愿付出努力而一味懒惰。

既然知道人生不如意之事十有八九，为何不做好准备，迎接所有的挑战。被逼到死角的时候，背水一战或许还有生还的机会，而缴械投降则永无天明之日。生活如果只有享乐和顺境，人们为何还要不断奋斗？离开了坎坷和逆境，何谈"生活"二字？

做一个像向日葵一样的人，无论漫漫长夜如何黑暗，如何萧瑟，也昂着头等待着清晨的第一缕阳光。无论遭遇什么样的挫折，都要保持勇敢向上的心态，害怕和逃避从来都不是结束逆境的方式。只有勇敢地站起来，用自己的肩膀扛起自己的未来，即使步入泥沼也不能停止前进的脚步。黑夜的寒风让人清醒，黑夜的寂静让人思考，咬紧牙关挺过去，像向日葵一般以低求高、以曲求直。黑夜过后的清晨一定特别美好。

不想改变境况只能被生活击垮

是不是，你以为只有自己是倒霉、不顺、挫折、郁闷的？你仿佛永远看不到自己的未来。

是不是，你以为只有自己才有解决不完的问题、挥之不去的烦恼、才下眉头又上心头的郁闷？你觉得自己永远也等不来好运。

是不是，你以为那些高端、大气、上档次的人，都是天生好命，天上有个馅饼就会掉到他们身上，不用努力就出成绩，不用付出就有回报，坐等别人羡慕？

这样的人有没有？有，但只是凤毛麟角，而且最重要的是，你并不在其中。为此，那你就必须要知道：生活这个赛场，我们需要百遍练习，才可能换来一次美丽。

但如果你不这样想，你认为自己遭受了不公平待遇，你一味地追求公平，一味地愤愤不平，没有勇气去面对现实，也不去想如何改变境况，那么，你只能被生活击垮。

A 君与 B 君是大学同学，在校期间他们所研修的都是美术专业。学习上，A 君一直勤奋刻苦，精益求精，他设计的作品不止一次获得省级比赛大奖，在学校时便有才子之称。B 君则完全是另一副样子，他仗着自己家里有几个钱，整日吊儿郎当，甚至连毕业作品都是花钱请人代笔的。

不过这个世界就是这样，很多时候，有才华的人确实会遭逢怀才不遇的悲剧。大学毕业以后，没钱没势的 A 君费了好大力气才来到一所中学当上美术教师，每个月的工资也很低，生活有些拮据。而更让他愤愤不平的是，那个不务正业的 B 君凭借家里的关系，竟然轻而易举地进入当地一家知名报社做了美编，每个月的薪水很丰厚。

现实带给二人的巨大反差令 A 君心中窝火，他的性格变得越来越偏激，每次只要在报刊上看到 B 君的名字，都会喋喋不休地数落世界的不公。渐渐地，A 君心中斗志全无，他不愿意再努力，反正"有德有才"永远比不上"有钱有势"，再怎么努力也是白费！他这么想，也是这么做的，他开始消极怠工。

B 君则截然相反，他的才华原本不及 A 君，但在进入报社以后突然上进起来。也是由于在这里经常能够接触一些上乘作品，B 君的专业水平突飞猛进。

3 年之后，A 君的工作态度彻底惹怒了校领导，他丢失了维持生计的饭碗，而 B 君却因为业务扎实、思维新颖，被逐步提升为报社的美编主任。

不可否认，生活中确实有不公平的事，但人的出身卑微或外表平平甚至带有缺陷，都是无法选择的，可是内心状态、精神意志却完全由我们自己掌控。如果我们能够正视所谓的命运，正视你所必须承受的种种不快，对抗它带给你的伤害，你就有机会成为自己想象中的样子。而生活带给你的那些痛苦，其实只是为了告诉你它想要教给你的事，你一遍学不会，就痛苦一次，总是学不会，就会在同样的地方反复摔跤。

其实，这个世界上没有一个人活得容易，更没有一个人会整日被鲜花与掌声所包围。每个人都是这样，都要面临无数的问题，人的一生，就是在不断地解决问题。拼命地解题，自然劳心劳力，但可能会闯出一片天地，相反，若是不奋力一搏，而是混吃等死，那又何来好命？其实人生景象如何，只是自己选择的路罢了。

看看那些成功者的奋斗史，谁不是一路的艰辛？不过他们从未抱怨过，而是高昂着头把它走完。如今摆在我们面前也有两条路，一条路相对平坦，但越走越平凡，越走越懒散；另一条便是"血路"，隐藏着无数的坎坷，但走过之后便是风光无限，那么，你会选择哪一条路？

希望你能坚强一点，如果生活中有风，就让肃杀的风凛冽地扑面而来吧，冻得鼻青脸肿，我们也要不屈前行，因为咬着嘴唇刚强又倔强、勤奋又无惧的人总是与胜利很有缘。

第四章
控制自己的欲望，给心灵一个愉悦的归宿

  在这欲望滚滚的世界里，我们热衷于追逐他人的繁华，却因为欲望过多，在对欲望的求索与执着中，再见不到生活的真谛，而幸福也离我们越来越远。我们不妨给心灵一个归宿，让心灵变得愉悦，从而驱散欲望。

  当欲望超过自身的能力范围时，人会因此而负累沉重，有人甚至会由此走向堕落。因此，我们一定要控制住自己的欲望，时时自省，以平常心对待人生，以理性控制自己，控制自己的欲望。

给心灵一个归宿

在这欲望滚滚的世界里，我们热衷于追逐他人的繁华，却因为欲望太多，在对欲望的求索与执着中，再见不到生活的真谛，而幸福也离我们越来越远。

我们不妨给心灵一个归宿，让心灵变得愉悦，从而驱散欲望的纷纷扰扰。

对于一个家庭女主人而言，陈妍的生活并不特别：她做着简单的护理工作，二十年如一日，因为家庭放弃了几次晋升的机会，如今依然在基层做着简单的工作。每天早早下班之后，就回家处理家务，厨房大多由陈妍负责，先生偶尔也会突发兴致想要下厨，但每逢此时，陈妍和女儿更多的却是觉得"惶恐"——对于晚餐能否下咽的惶恐。

但最让人羡慕的是，虽然结婚已有十多年，但陈妍仍然能够感受到先生的宠爱，再加上一个懂事的女儿，吃穿不愁、全家和美……陈妍还有什么不满足的呢？

其实，陈妍有时来也会感到迷茫：家庭确实美满，生活也很幸福，但这与自己当初的期待相差太多——学生时代的理想，是成为一名专业的医护人员，而不是在基层做简单的护理。想到这些，陈妍也会气愤：为什么一定是自己放弃事业，没日没夜地处理琐碎的家务？

家庭与事业总是会发生矛盾，这不仅是对于妻子而言。对于丈夫来说，每天的辛苦拼搏，早就让自己疲惫不堪，为什么不能简单地工作，简单地生活？可是，没办法，还有家庭需要背负。有时候，丈夫满怀激情地想要拼一把或是创业，但又害怕家庭因此发生动荡。

如果我们总是纠结在这样的矛盾当中，我们很可能会被欲望和现实组成的磨盘活活搅碎。我们每个人都有自己的欲望，对于个体而言，这些欲望无可厚非甚至让人动力满满。但生活在这个社会当中，我们从来就不是为了自己而活，家里的父母妻儿、身边的亲朋好友、公司的领导同事，我们扮演着太多的角色，需要考虑太多人的想法，这些就成了现实的束缚。

然而，当我们将现实看作束缚，因欲望而纠结时，不妨给心灵一个归宿，这样，你会更幸福。

在十多年的婚姻生活中，陈妍不止一次感慨过生活的琐碎，气愤于自己的放弃。然而，这些也不过是一时的想法，当她想起宠爱自己的老公、懂事乖巧的女儿，她的心再次回归安定：难道有了这样的家庭，还不够幸福吗？我还想要什么呢？

我心安处是故乡，故乡是我们疲惫时的休整港湾；我心安处是归途，归途是我们失败时的安抚慰藉。给心灵一个归宿，当我们因苦苦求索而疲惫时，不妨让心灵休息，调整杂乱的内心；当我们迷茫时，不妨回归归宿，让心灵清空，品味已有的幸福。

在这欲望滚滚的世界里，给心灵一个归宿，我们会更幸福。那么，归宿是什么？归宿可以是艺术，可以是感情，可以是一切让我们感到心安的人、事、物。

张翰立在上大学时，第一次接触了吉他。那是室友的一把简单的木吉他，但正是因为轻轻地拨动了一根琴弦，张翰立就被这美妙的声音打动。在接下来的时光里，张翰立向室友学习吉他技巧，并参加了学校的吉他社，拥有了属于自己的吉他，甚至报了专业的培训班。

与吉他社的其他成员不同，张翰立学习吉他并非为了谈恋爱，只是单纯地想要借助吉他，在自弹自唱中抒发内心的情感，唱出心中的歌。

大学毕业来到深圳后，在独自一人的打拼中，吉他成为张翰立最好的伙伴。一些简单的流行歌曲，张翰立也可以流畅地弹唱下来。甚至，在周末时，张翰立还会背着吉他来到华强北，站在路边静静地弹唱，很多人也会驻足欣赏，给予热烈的掌声。

然而，时光荏苒，在工作的奔波中，张翰立再没有闲暇触碰吉他。十年时间一晃而过，这一天，当张翰立清晨归来，躺在床上，扫视着独自一人的房间，他终于再次抱起了墙角的吉他。

一切都是那么陌生，但那颗躁动多年的心，却渐渐平静下来。站在窗前，望着远方的天空，张翰立想起了一句话："一个人不管走多远，最终都要在艺术中找到心灵的归宿。"此时，他的内心也终于不再飘荡，吉他的旋律就是他心灵的归宿。

当然，在更多的人眼里，心灵最好的归宿就是感情，就是那个寄托了自己爱情的人。

尤其是在对待爱时，当我们在接近幸福时，我们倍感愉悦，但处于幸福中时，我们却开始患得患失。在一段难得的感情中，我们总是喜欢不停揣测对方的心思，猜忌对方的想法，进而变得惶惶不安、患得患失。殊不知这样的"神经质"，正在推开我们的爱人。

事实上，太过在乎，往往就是失去的开始。当我们将对方看作心灵的归宿时，对方又何尝不是？此时，最重要的并非纯粹的依赖，而是互相的理解与默契。

试想一下，当我们身心疲惫地回到家时，对方嘘寒问暖；面对我们的不理不睬，对方也能耐心陪伴，我们感受到对方的关怀，并表示感激。这或许才是心灵归宿最佳的体现。

但在很多人眼里，事情却走向另一个极端：我很累，我不想说话，但你必须哄我，即使我摆着臭脸，你也应该不停哄我，直到我好了为止……我们要明白，在一段感情关系中，想要"长治久安"，需要的是相互的理解，大家或许都很累，想要从对方那里获得慰藉，但如果都采取这样的方式，则会让一切变味。

两个人在一起，最重要的是理解，事实上，有时一个眼神、一个拥抱，都可以让对方感受到温暖。但无论如何，这一切都建立在相互理解的基础上。否则，你的拥抱，对于他而言，或许只是桎梏；而他的安慰，在你看来，却只是敷衍了事。

给心灵一个归宿，我们会更幸福。

幸福与内心有关

幸福究竟是什么呢？

我们常听到恋爱中的朋友，一脸甜蜜地说道："我幸福死了！"总是在酒桌上，听见朋友吐槽道："我真是太不幸了，进了这么家公司……"似乎每个人都有自己的幸与不幸，但是，在回答"你幸福吗"这个问题时，我们的标准究竟是什么？

事实上，很多人对于幸福的衡量，只有一个标准，那就是朋友圈的平均水平，只要在该水准以上，很多人就认为自己是幸福的。

你的幸福，与他人无关。

不知从何时开始，幸福逐渐成为一个比较值：我的工作比别人轻松；别人的男友没我的能干；我的成绩比别人好；别人的家庭比我更普通……就是在这样的比较中，我们感受到了"幸福感"。

然而，这真的就是幸福吗？

在信息近乎公开的社交平台上，我们能够见到太多的人和事，面对这些事情，我们的幸福感是否会随之被摧毁呢？或者说，在各种发布的平均指标中，当我们发现自己"被平均"时，我们的幸福感还存在吗？

你的幸福，与外在物质无关。

很多人将幸福与物质挂钩，将收入、资产、奢侈品作为衡量幸福的标准。然而，这其实是对幸福最大的误解。物质给我们的只是一种安全感，一种对于不确定的、令人焦虑的未来的安全感，丰富的物质条件，能够让我们不用惧怕未来。但物质只有关安全感，无关乎幸福感。

很多人认为钱比一切都重要，但却忽视了，在产生幸福感的各大要素中，钱或其他外在物质的作用都十分有限，爱情、友情、尊严、梦想、自我实现——这些才是幸福感的主要来源。

纵使物质再丰富，如果没有朋友与爱人，如果只有指责与谩骂，这样的人生会幸福吗？这个问题很容易回答，那么，为什么还有那么多人认为有钱就是幸福呢？正是因为，他们将安全感错看作幸福感。

其实，你的幸福，只与你的内心有关。

当我们内心平静时，一切都是平静祥和的：话是轻的，风是柔的，雨是润的，鸟是笑的。

当我们心绪不宁时，一切也随之变了模样：话是尖的，风是躁的，雨是冷的，鸟是哭的。

同样一片阴天，在不同的人眼中，总是有不同的感受：有人觉得凉快，有人想着收衣，有人则更加心灰。这就是我们的心境，一切事物都只是原本的模样，但当我们的心境不同，所有的事物也都随之变了味。

其实，只要将幸福看得更轻一些，就如兰花散发的阵阵清香，无须多么浓郁，仔细嗅嗅，我们就会感到心旷神怡。每个人都会拥有属于自己的幸福，但悲剧就在于，很多人将目光投注到别人的幸福之中，而忽视了自己拥有的一切。

俄国作家索络古勒在探望托尔斯泰时，由衷地羡慕道："你真幸福，你所爱的一切都有了。"托尔斯泰却马上回答道："我并不是拥有了我所爱的一切，而是我拥有的一切，都是我所爱的。"

当我们将渴望集中在"有我所爱"时，不如静下心来，想一想"爱我所有"的道理。在这欲望滚滚的世界里，我们所爱的事物太多太多，如果将拥有这些作为幸福感的支撑，那么，只会是对自己的折磨。

村上春树发明了一个流行词——"小确幸"，即微小但确定的幸福。这种幸福并不像实现梦想那样热烈，但在生活当中，一杯清茶、一首音乐、一本书籍，就可能为我们营造这样的幸福感，或许三分钟，或许只有三秒钟。

虽然微小，但这却是一种确定的幸福，正视这样的幸福，就能让它们浸润自己的生命。正如村上春树所说："没有小确幸的人生，不过是干巴巴的沙漠罢了。"真正让生命熠熠生辉的，从来不是一夜暴富的狂喜，而是小确幸的日积月累。

你的幸福，就在现在，就在你自己的内心；不在远方，也不在与别人的对比中。此生此夜不长好，明月明年何处看？如果我们连手中的幸福都无法感受，我们又如何能够追求长久的幸福？而这一切，都在于我们的内心。

若我们感觉心烦意乱，那花是易谢的，天是不定的，事是令人烦躁的，一切都是忍无可忍的；若我们觉得神清气爽，那雨是凉爽的，山是壮丽的，事是可亲可爱的，一切都是由衷欣赏的；我们的感受是苦或是甜，我们的表情是笑还是哭，我们的生活是幸福还是痛苦，这一切，都只与我们的内心有关。

人的内心就像一条河流，或风平浪静，或波涛汹涌，内心的一切动或静，自然会在周遭留下相应的痕迹。

学会控制自己的欲望

每个人都有自己的欲望，人的欲望可谓永无止境，甚至可以说是至死方休。也正是因为欲望的存在，人类才会不断进步，最终成为"万物之灵长"：因为想去更远的地方，从畜力到汽车，再到高铁；因为想要探索未知，有了潜水器、航天器；因为想要生活便利，我们迎来了互联网时代……

有人说，欲望是人类进步的原动力。准确来说，合理的欲望，才是人类进步的原动力。对于我们个人而言，尤其如此，欲望激励我们不断前行，但若欲望过多，我们则会被欲望所拖累。

唐朝著名文学家柳宗元写过一则独特的寓言《蝜蝂传》：

有一种动物，形似蜗牛，但比蜗牛更小，而且没有壳，是一种天生喜爱背负东西的小黑虫。在爬行过程中，无论遇到什么东西，如沙粒、碎屑、草叶等，它都会抓过来放在粗糙的背上，继续前行。即使背负的东西越来越重，让它疲惫不堪，它也不会放下。

有一天，它爬行中发现一个蜗牛壳，于是决定背上作为自己的"房子"，再不怕风吹日晒；后来，它又发现一个更大更漂亮的蜗牛壳，又舍不得先前的那个壳，于是它用唾液、眼泪，将两个蜗牛壳黏在一起……

有人看见它辛苦的样子，心生怜悯，帮它去掉了背上的东西，但它仍然继续爬行，继续背负，而这种小虫又喜欢往高处爬，即使耗尽力气也不愿停止。就这样，最终因为背负太多，从高处摔死在地上。

人有欲望，无可厚非，但千万别让它过快成长，当它超出你的能力范围时，你不仅不会获得幸福，还会因此错失人生的诸多美丽。

其实，欲望、能力和幸福之间，有一个简单的计算公式：欲望与能力的差值越小，就越容易获得幸福。

很多人会觉得自己的童年最为幸福，因为那时的自己，只需要一颗糖、一个玩具，就能够满足自己的欲望；但等到进入社会之后，买房买车、锦衣玉食……我们的欲望不断膨胀，虽然我们的能力也在增长，但当二者失去平衡时，你将受到无尽的折磨。

对于我们每个人而言，如果无法控制自己的欲望，不能让欲望与能力相匹配，我们只会反受其害，而生活也再无幸福可言。

人有欲望是正常的：风餐露宿时，想要有地方遮风挡雨；住在出租屋，想要属于自己的房子；有了90平方米的稳定住所，又会期待别墅的体验；有了别墅，或许还想要有自己的度假屋……

欲望就好像一枚硬币：正面是天使，激励前行；背面却是魔鬼，引向邪恶。人有六欲：生、死、耳、目、口、鼻——求生、怕死，生活有滋有味。这是人类的本能，但凡事都有一个度，欲望同样如此。

当欲望超过自身的能力范围时，有人会因此而负累沉重，有人甚至会由此走向堕落。因此，我们一定要控制自己的欲望。

有一种快乐叫知足

一个人应该懂得知足，让自己活得更轻松、更有意义。

知足者常乐，这一成语的意思是说：知道满足，就总是快乐、幸福。也就是说，人们只要安居乐业，丰衣足食，就能无忧无虑，幸福快乐。

我们常常对自己的境遇感到不满，认为自己不如别人。这样，我们就会让自己心烦意乱，甚至压力重重。这一切都源于我们对生活不知足。

也许，我们觉得自己的职位不高而去努力工作；也许，我们因为自己的钱太少而去拼命挣钱；也许，我们对自己的住房条件不满意而去争取这得好一些。也许，当这一切都实现后，又感到不满，继续去努力获得一些更好的东西。当一切结束时，我们会叹息，我们拼搏了一辈子，为了生活过得好一些，可是到最后，我们并没有享受到我们的成就。

知足者常乐，出自《老子》中的一文："祸莫大于不知足，咎莫大于欲得，故知足之足，常足矣。"古往今来，不知有多少人恪守这一箴言，一生平平安安、幸福美满；也不知有多少人不以为然，甚至反其道而行之，结果却一生坎坷，多灾多难。"不知足"是人的本性，"知足者常乐"就是针对人的这一"劣根性"所说的。

人的欲望是没有止境的，人们为了追求更高的目标和享受更美好的生活而奔波忙碌、拼搏奋斗，这无可厚非。但是，社会和生活所能满足的欲望总是有限的。

在现实生活中，"足"是暂时的，而"不足"却是永恒的。如果一个人时时刻刻以"足"作为目标追求，那他得到的永远是"不足"。反之，如果一个人时时刻刻以"不足"对生活的事实予以理解和接纳，那么他对自己的感受反倒是时时刻刻的"足"。

"足"和"不足"是对立的，但是，也是辩证的。知"不足"，所以，才知"足"；不知"不足"，所以，才不"知足"。"不足"，才可以知足；不知足，便总是"不足"。足不足是物性的，知不知则是人性的。以人性驾驭物性，便是知足；让物性牵制人性，就是不知足。足不足在于物，非人力所为；知不知在于人，非贫富贵贱所左右。

上帝在天庭里闲得无聊，突然想到了一个主意："如果让世界上的万物再选择一次，他们想要做什么呢？"于是，他让天使去办这件事情，而天使最后带回来的答案却让上帝大吃一惊。

猫说如果让它再活一次，它要做一只老鼠。它认为自己偷吃主人一条鱼，就被主人打个半死，而老鼠却可以在厨房翻箱倒柜，大吃大喝，人们对它却无可奈何。

老鼠说假如让它再活一次，它要做一只猫。吃皇粮，拿官饷，从生到死由主人供养，时不时还有老鼠给它送鱼送虾，很自在。

猪说假如让它再活一次，它要当一头牛，生活虽然苦点儿，但名声好。而它们似乎是傻瓜、懒汉的象征。

牛说假如让它再活一次，它愿做一头猪。它认为自己吃的是草，挤的是奶，干的是力气活，有谁给它评过功、发过奖？做猪多快活，吃罢睡，睡罢吃，快乐赛过神仙。

鹰说假如让它再活一次，它愿做一只鸡，渴了有水，饿了有米，住有房，还受主人保护。而它们一年四季漂泊在外，风吹雨淋，活得太累。

现实生活中，许多人都习惯于把自己和别人相比，却不知道自己也是别人羡慕的对象。

人生最大的烦恼不在自己拥有的太少，而在自己想要的太多。庄子云："其嗜欲深者，其天机浅。"就是说一个人的欲望多了，就缺少智慧与灵性。所以，一个人要时刻节制嗜欲，减少思虑，弃除烦躁，杜绝尘劳，省精保神，以平淡的心态对待生活的诱惑和干扰，让自己的灵魂安然于梦。但是，安守平淡，并不是不求进取，也不是无所作为，放弃追求，而是要以一颗平淡的心态来对待人生。

人的一生如果对富贵看得淡，富贵就不可以动其心志；对名利看得淡，名利就不可动其心志；对生死看得淡，生死就不会动其心志……像这样的人生，就可以随运而行，因顺而往，随处而得，随遇而安。但逍遥自在，时刻欢乐、时刻幸福！

知足是保持淡定的心态

知足是一种境界，知足的人总是微笑着面对生活。在知足者的眼里，没有纷争和索取。不管遇到什么困难和困扰，他们都会为自己寻找合适的台阶，而绝不会庸人自扰。

俄国文豪契诃夫曾说过："要是火柴在你的衣袋里燃起来了，那你应当高兴，多亏你的衣袋不是火药库。要是有穷亲戚上别墅来找你，那你不要脸色发白，而要喜洋洋地叫道：'挺好，幸亏来的不是警察！'要是你的手指头扎了一根刺，那你应当高兴，幸亏这根刺不是扎在眼睛里……"幸福的真谛就是要懂得满足。

一天傍晚，虚有禅师在河边散步，看见几个人正在岸边垂钓，禅师无事，就站在旁边观看。这时，其中一位垂钓者竿子一扬，钓上来一条大鱼，足有三尺长，活蹦乱跳的，旁边围观的人都为他齐声欢呼起来。可是，这个钓者却熟练地取下鱼嘴内的钓钩，顺手就将鱼丢进了河里。人群中响起一阵惋惜声，但心里又很佩服这个钓者，这么大的鱼还不能令他满意，可见这是个钓鱼高手。就在众人屏息以待之际，钓者鱼竿又是一扬，这次钓上的是一条两尺长的鱼，钓者又顺手扔进河里。第三次，钓者的鱼竿再次扬起，钓线末端钩着一条不到半尺长的小鱼。围观的人群发出一声失望的叹息，有人心想，早知如此，第一次就不应该丢掉那条大鱼。不料这次钓者却将鱼小心解下，放进鱼篓。围观的人百思不得其解，就问他为何舍大而取小。

钓者回答道："因为我家最大的盘子还不到一尺长。"

看到此，禅师深有感触地说："世人皆求大不求小。其实，适合自己的才是最好的。"

对钓者而言，他可以给自己买一个更大的盘子，他也可以把鱼切断烹制。所以，在旁观者看来，这个钓者很傻。但我们都忘了一个重要的问题，就是，我们肚子的容量是一定的，钓者只要半尺长的小鱼，岂止是因为盘子不够大，而是因为钓者要的是那一份内心的知足啊。

作家史铁生曾写道：

生病的经验是一步步懂得满足。发烧了，才知道不发烧的日子多么清爽。咳嗽了，才体会到不咳嗽的嗓子多么安详。刚坐上轮椅时，我老想，不能直立行走岂不把人的特点搞丢了？便觉天昏地暗，等又生出褥疮，一连数日只能歪七扭八地躺着，才发觉端坐的日子其实多么晴朗。后来又患尿毒症，经常昏昏然不能思想，就更加怀恋起往日时光。终于醒悟：其实每时每刻我们健康地活着就是幸运的。

只有失去健康的人，才知道有健康是多么幸福，活着有多么幸运。可是，现代人却常常忽略自己所有的一切，反而因为自己住的房子没有别人的大而感到不知足，因为自己的衣服不是名牌感到不平衡，因为自己赚得不够多而感到不开心。

一对贫穷的老夫妻，决定将家里的一匹马拉到集市上卖掉，换一点生活用品。于是，老头子便牵着马去赶集了，他将马换了一头母牛，这样他和老婆子就有牛奶喝了。后来，他看到羊，觉得喝羊奶也不错，还可以剪羊毛，就用母牛换下这只羊。后来，他又看到卖鹅的，想着鹅蛋比羊奶更有用，便用羊换了一只鹅。接着又用鹅换了一只母鸡，最后又用母鸡换了一袋快烂的苹果……

当他扛着袋子来到一家小酒店歇脚时，遇上了两个商人。在闲聊中，老人谈到了自己赶集的收获，两个商人听后哈哈大笑，他们一致地认为，老头子回到家准得挨老婆子的一顿数落。可老头子却十分坚定地认为绝对不会发生这种事情。商人就与他打赌，如果他回家没有被老婆责罚，就送给他一袋金币。于是，三个人一起回到了老头子家中。

老太婆见老头子回来了，非常高兴。"老头子，今天收获一定很多吧！快告诉我，你都买回什么东西了！"于是，老头子兴奋地讲述自己这一天的"奇遇"。每当听到老头子讲到用一种东西换了另一种东西时，她竟十分激动地予以肯定："哦，我们有牛奶了！""羊奶也同样好喝！""哦，感恩节我们有肥鹅吃了！""哦，我们有鸡蛋吃了！"诸如此类。最后听到老头子背回一袋已开始腐烂的苹果时，她大声说："我们今晚就可以吃到苹果酱了！"说完，不由地搂起老头子，深情地吻着他的额头……当然，他们还得到了商人的一袋金币。

原来，快乐的心也能生出金子。快乐就是我们最大的财富，为一头牛、一只羊，或者一只鸡、一堆烂苹果而伤神，实在是不值得的。更何况，一头牛虽然换回了一堆苹果，但苹果可以做成苹果酱，一样有香甜的滋味。生活要幸福，其实很简单，知足就好，有一颗知足的心就能拥有幸福的生活。

当然，我们说的知足，并不是要我们安贫乐道，每个人都有自己的追求，知足并非是要我们放弃追求，安于现状，而是对自己的现状保持淡定心态。

不要过度追求完美

世界上从来没有完美的人，也没有完美的艺术品和完美的结局。人生必然是有缺憾的。我们可以无限接近完美，却不能苛求完美。尽自己最大努力，能把事情做到七分好就做七分，能做到九分好就做九分。不要因为不完美而烦恼。

有人说，完美是上帝进化人类的诱饵，它是永远让人眺望而无法达到的目标。所以，完美只存在于人的想象中。幸福不是"完美主义"，追求十全十美，会使自己陷入自己设计的人生牢笼里不能自拔，也许幸福感就在人们那不能实现的"幸福"追求中慢慢消失了。

2004 年的法国网球公开赛上，女选手维纳斯·威廉姆斯取得了 17 场连胜的骄人战绩。她对记者发表胜利感言："我还不够努力：有时候，我获胜心切；有时候，我求胜心又不够强。有时候，我不遵从教练指导；有时候，我不服从自己的安排。我讨厌在任何事情上出错，不仅是在球场上。"

从这段话可以看出，维纳斯·威廉姆斯是一个完美主义者。凡事追求完美是她赢得这场比赛的一个重要因素。但我们可以想象威廉姆斯在说这番话的时候，她真的开心吗？也许，那时，她正在为自己的成功而感到骄傲，为打败对手，赢得全世界的注目而感到得意。可是，我们没有从这段话中捕捉到一点幸福的信息。追求完美让威廉姆斯成功，但也让她时时处在面对失败的恐惧中，因为完美主义者不容许自己有丝毫错误和失败，一旦失败，他们就会焦躁、恐惧，感觉全世界的人都在轻视自己，嘲笑自己。虽然追求完美才是威廉姆斯达成目标的动力，但为什么不是以"追求比赛的快乐"为动力，为什么不是以"我喜欢网球这项运动"为动力，为什么不是以"我喜欢挑战的过程，而不是结果"为动力呢？这些动力仍然会帮助我们达成目标，也会让我们更加快乐。

完美主义者太在意每一个细节上的完美，只要有一个细节做得不够好，他们就会对自己的工作失望，甚至毁掉自己的作品。有一个女孩喜欢写作，可是经常因为一个不够完美的开头、一段中间稍嫌生硬的段落而扔掉一打稿纸。她一直告诉自己："等我30岁时一定能写出完美的作品！""等我60岁时一定会写出完美的小说！"事实上，她可能永远写不出来，但她可以写出80分的作品，90分的作品。其实，完美主义者常常因为期望太高反而变成懒惰主义者。

著名学者、编剧、导演克莱尔在外人眼中近乎完美。他是牛津大学的著名学者，一个优秀的编剧和导演，并获得了许多国际电影奖项。但他却在自己的电视片《龙的心》获得艾美奖的前夕，扑向一辆疾驰的火车……克莱尔的妻子说："他曾经赢得过许多比艾美奖还要重要的奖项，但没有一个能使他满意。"

如果克莱尔知道自己将要赢得艾美奖，他的人生会不会有所不同呢？其实，不管他是否能赢得艾美奖，这个男人都不会真正地开心起来。因为完美主义者永远只会盯着自己不够完美的部分，并为此而苦恼和自卑。加拿大不列颠哥伦比亚大学心理学家保罗·休伊特说："人们往往忽略了完美主义者脆弱的一面，譬如沮丧、厌食和自杀。"克莱尔就是一个典型的例子。

完美主义者往往为了一个小瑕疵而否定已经取得的成绩，就如一个美女因为脸上长了一个雀斑就彻底否定了自己的美丽一样，不是很荒唐、很可笑吗？在那些看起来好像"什么都拥有"但却不幸福的人身上，经常可以看到这种情况。每个人都有追求完美的自由，但是，过度追求完美，即便做得非常出色，还是会因为一点小瑕疵而如刺在喉，或者为此感到不安。

有个渔夫从大海里捞到一颗晶莹圆润的大珍珠，但是美中不足的是，这颗珍珠上有一个小黑点。渔夫想，如果能把小黑点去掉，这颗珍珠不就变成无价之宝了吗？可是渔夫剥掉一层，黑点仍在，再剥一层，黑点还在，一层层剥到最后，黑点没有了，珍珠也变成珍珠粉了。风一吹，连珍珠粉也没有了。

瑕不掩瑜，没有人能达到百分之百的完美。每个人都是一颗有瑕疵的珍珠，有黑点的珍珠不见得不美丽，但我们却常常因为那个小黑点而耿耿于怀，以至于最后珍珠也失掉了。追求完美的人生本身并没有错，错在于，很多人在追求完美时，把原本的幸福也失掉了。

有人曾经问一位走红的国际女影星是否觉得自己长得很完美，她说："不，我长得并不完美。我觉得正因为长相上的某些缺陷才让观众更能接受我。"接受不完美的自己，接受不完美的生活，甚至喜欢自己的小缺点，这样的人，才会感到真正的幸福。有这样一个童话故事：

一个圆不小心丢了一个小块儿，边缘有了一个小小的豁口。它要找回完整的自己，于是便踏上了找寻小块儿的路途。因为它不够圆，所以滚动得非常慢，它一边滚一边欣赏沿途美丽的鲜花，和路上的虫子们聊天，向小鸟们问好，在阳光的怀抱中尽情呼吸。终于，它找到了自己的那一小块儿，变回了一个完美的圆。然而，作为一个完美无缺的圆，它滚动得太快了，以至于看不清路边的花草，来不及和虫子、小鸟们打招呼，甚至也不能停下来享受片刻的阳光。

原来，有缺憾的人生才是幸福的，于是，圆扔掉了历尽千辛万苦才找回的那一小块儿，又变回有缺口的圆，这时，它又看见了鲜花，又能和小虫子、小鸟们聊天了。阳光暖暖地照耀着它，它感到幸福极了。

圆的故事告诉我们：正是不完美，才令我们更幸福。不幸失去行走能力的史铁生，在轮椅上获得了写作的灵感，写下了《我与地坛》等不朽之作。完美不是上天用来捕捉你的错误的陷阱，有瑕疵，并不代表你就是不幸福的人。

如果你不能接受生命的不完美，你也就没有资格获得完美的人生。因为"完美"本身就包含"缺陷""错误""否定""失败"等这些不完美的字眼儿。只有接受生命的不完美，为生命能继续运转而心存感激，才能成就"完美"的生活。

幸福跟金钱无关

幸福只与我们自己的心有关，不要以为幸福等于金钱，不要以为幸福就是香车宝马、功名利禄，不要以为幸福就是随心所欲，要什么有什么，更不要以为有钱了幸福就会来到你身边。如果你因为没有钱而感到不幸福，那么有钱的你同样不会幸福。

科学家们发现，幸福与金钱之间有个临界线，在临界线之间，金钱和快乐是成正比的，钱越多幸福指数越高；而过了临界线，金钱和快乐是成反比的。享受生活，未必要等你挣够了100

万。幸福诚然需要一定的经济条件作为基础，但并不代表越有钱越幸福，很多有钱人并不幸福。一般而言，月收入 5000 元的人要比月收入 1000 元的人快乐，而月收入 5 万元的人却不一定比月收入 1 万元的人快乐。其实，不管有钱没钱，我们的每一天都可以过得有滋有味。甚至，只要你愿意，即使身上只有一元钱，你也会比千万富翁更幸福。

有一个女士在博客上回忆自己年轻时和老公每天只吃清水挂面的时光，那时候觉得每天都是满心的幸福。但随着钱越赚越多，老公却没有时间回来陪她吃饭，一桌子精心烹制的饭菜常常是凉了热，热了又凉了，最后只好倒掉。她觉得以前吃面条的日子真是幸福。这时，她才明白，幸福和钱的多少并没有太大关系。

有的人一生拼命挣钱，以为赚够了钱就能买到幸福。于是疲于奔命地天天从早忙到晚，可是，钱却好像永远都不够买到你想要的幸福，这时你若叫他停下来，他又想：我再努力一下，赚一把大的，幸福或许就来了。也有的人似乎明白了，既然想要的幸福永远不会属于自己，抓不住幸福就抓住钱吧！这是很多人的正常想法。

有一个富翁，一日开车出去在路上发生了车祸，他的车被撞毁了。

"哎呀！我的奔驰啊，就这么撞毁了！"他号啕大哭道。

有一个路人说："车毁了算什么，看看你的胳膊吧！"富翁这才发现，自己的胳膊撞断了，于是，他又大哭起来："哎呀！我的劳力士呀！"

不惜用自由和生命为代价去换取财富的蠢事每天都在上演，以杀人为代价抢劫的不过是一款新型手机、一根项链、一只手表等，这样的事更是屡见不鲜。这些人和那个不哭自己失去的胳膊的人有区别吗?

有个勤俭而吝啬的男人省吃俭用,直到晚年才攒下了 100 万美元。他觉得自己积累的财富已经足够多了,便决定从这些储蓄中拿出一小部分,买一间大房子,让自己安度晚年。可是,他的计划还没有付诸行动,就到上帝那里去报到了。

他见到了上帝,希望上帝能够多给他一些时间,至少,让他在那间大屋子里住上一天也好。于是,他对上帝说:"如果你能让我再多活三天,我愿意献出我所有财产的三分之一。"上帝说:"三天时间太长了,如果人人都可以用金钱来购买生命,那生命就太不值钱了。"

男人说:"好吧,我愿意用我所有的积蓄换一天的生命。"上帝还是摇了摇头,再多的金钱也买不来一天的生命,因为生命实在太宝贵了。

最后,男人只好无奈地说:"那么,请给我一分钟的时间吧!让我给后人留句话。"上帝同意了。

他留下来的话是:"生命是最宝贵的,再多的财富也买不来一天的生命。"

不管有多少钱,如果不懂得在有生之年去享受它,再多的钱也没有任何意义,或者说,活着,就是最大的幸福。活一天,就要享受一天的幸福。

是的,我们要珍惜活着的每一天,不要说"等我有了钱将如何如何"之类的话,你的幸福,跟金钱无关。只要你活着,就是幸福。没有什么东西能与活着相比,没有什么东西能比"幸福"本身更重要。如果你觉得有钱才有幸福,那你可能永远也得不到幸福。

第五章
怎样看待世界，世界就会因你而发生改变

不要害怕改变，要学会习惯渐渐变好的自己；不要害怕未知的路、未知的苦难，要明白这是生活固有的模式。敢于改变，习惯改变，习惯不断变好的自己，生活总会善待有这种习惯的人。

人生就是这样，只要你思维变了，眼前的世界就会发生截然不同的变化。我们的人生还有很长一段路要走，你不能让自己的心在悲观消沉中度过，那样即便到了寿终之时，我们依旧体会不到真正的快乐。生活有苦也有乐，我们应该学着去漠视它的苦，去体会它的乐。

换个角度看待困境

一千个人眼中有一千个哈姆雷特。悲剧或是喜剧，顺境或是逆境，往前走还是往后退，每个人都有自己的想法。同样的事情，有人认为是幸运，有人认为是不幸。我们站在不同的角度，自然会看到事物不同的面，内心产生的感觉也必然有差异。

"少女还是老人"是心理学教程中一张知名的图，同样一张图片，有人看到的是年轻貌美的女子，有人看到的则是老态龙钟的老人。心理学的解释是，处于不同心理、情绪状态的人，在这张图中看到的画面是不同的。类似的图片在我们中学课本中就出现过，同样是半杯水，有人开心地欢呼："还有半杯水!"而有人表情沮丧地说："只有半杯水了。"我们也常说，有什么样的心灵就会看到什么样的世界。因为我们看到的都是自己选择看到的事物。这虽然是个中学就学习过的浅显易懂的道理，但是，很多人一辈子也没有践行。

碌碌无为的人有很多，但他们都有一个共同的特点，那就是抱怨社会、抱怨家人、抱怨环境，但从未抱怨自己。这类人必然不会成功，因为他们只看到了周围环境为自己带来的不利因素，而没看到其他人是如何看到有利的因素并加以利用的。有时候，遇到困难不可怕，换个角度思考，可能问题就迎刃而解了。

同样是半杯水，如果是在长途跋涉中，一个人因为路途遥远且补给只剩半杯水而沮丧，或许可能半途就放弃甚至发生更大的悲剧。因为内心的沮丧，他把周围不利的因素都通通放大，任何一件不起眼的小事情，可能都会成为他眼中无法逾越的障碍。越是处于这样的情绪和心态下，他越会焦躁，加上长途跋涉的劳累，很可能引发急性疾病，或者干脆直接半路放弃行程。

对于自己还剩半杯水感到十分开心的人，会保持一种昂扬的状态，或许会计算在余下的路程里，如何利用这半杯水让自己得到最有效的补给，他会仔细观察周围的环境，看是否能够找到有助于自己到达终点的人和物。保持如此状态前行的人，一定会到达目的地。

生活中，庸人自扰的事情大都是因为站在不当的角度看待事物。究竟什么样的角度是正确的，这个问题并不会有标准的答案。然而，可以肯定的是，选择对自己有利的角度，是我们本应该去做的事情。站在积极的角度看问题，这个行为本身就会为我们节约很多的心力。何况是在处于困境的时候，有些困难并没有达到让我们寝食难安的地步，何必在暴风雨到来之前，给自己来场大暴雨？

这两年人气很高的一档真人秀节目，其中很多环节的设置都颇具挑战性。虽然有些环节，嘉宾们用"投机取巧"的方式完成了，但是这档节目之所以在所有真人秀节目中有不错的口碑，是因为其中很多项目的设置，很具有教育意义。生活中有很多事情，对我们来说就是极限挑战，在面对这类事情的时候，我们要学会多角度地揣摩分析，或许就能在绝望的境地中看到希望，改变生活中的糟糕状况。

生活从来不会刻意打垮谁，有时候打垮我们的可能是我们自己。王子君从小在父母无休止的争吵中长大，这样的成长环境给她带来了很大的心理阴影。有时候，听到他人说话稍微大声了些或者眼神稍微严厉了些，她便会对对方产生极大的厌恶感。如果是亲近的人做出如此举动，她会感到不可控制的难过。

这样的心理，给她带来了不少麻烦。在朋友眼中，她很难相处，稍微没有注意到她的情绪，便会被她拉入黑名单。工作中，她难以控制自己的脾气，甚至在和客户交谈的过程中，误解了客户的举动，而与客户发生冲突。心理医生告诉她，很多事情并不是她以为的样子，可能是儿时父母的争吵曾让她的心灵蒙受创伤，从而改变了她看待人和事物的方式。她总是站在防御性的角度和这个社会接触，别人一个习惯性的动作，在她的眼中，可能就会具有攻击的动机。

在医生的建议下，王子君开始尝试观察身边的人，观察他人在遇到自己认为是错误或者带有攻击性的行为的时候，会有什么样的反应。一段时间的观察后，她幡然醒悟。老板和同事并非故意针对她，父母之间的关系也没有她想象得那么糟糕，朋友的举动也不是不在乎她的感受。她开始慢慢地改变，转换自己看人看事的角度，生活也变得快乐起来。

人无完人，我们每个人都应该学会审视自己，只有自己有意识地去完善自己，才能够为自己带来真正的改变。没有人会在前行的过程中期许遇到荆棘，但是我们每个人都清楚，困难、坎坷是人生道路上必须经历的。故而，我们应坦然地接受生活给我们的考验，转换自己看待困境的角度，改变自己处理问题的方式，在磨炼中让自己变得足够强大，能够独当一面。

很多时候不是风景不美，不是生活无趣，而是我们关上了欣赏的开关。很多时候不是困难不可克服，苦难不可渡过，而是我们只看到了密室的恐惧，没有看到生活留给我们通关的钥匙。很多时候不是黑暗侵袭得太快，我们跌倒受了很重的伤，而是我们默认了黑夜就是寂寞的、凄清的。

马丁·路德·金曾说：只有经历真正的黑暗，才能看见满天的星辰。不要忘记人生是多面的，生活是会开花的。面朝太阳，才能沐浴阳光；抬起头，才能看见一直为我们指引的美丽星辰。

小改变能引起大效果

对比碳和钻石，无论在外形上还是在价值上，都称得上是天壤之别。但是，究其本质，却是完全相同的，连分子式都是完全相同的 C。若不是已经被科学证实，似乎难以让人相信，这两种风马牛不相及的物质，竟然具有相同的本质。

碳和钻石的区别只在于，碳原子的排列不同，碳中的碳原子呈现层状的平面结构，而钻石里的碳原子呈现蜂窝式的结构。这就好比是给碳原子排队，仅仅是队形不同，却造就了两种看似完全不同的物质。或许这就是造物主的神奇之处，我们就是碳原子，有些人仓皇落寞地走完一生，而有些人把生活过得比连续剧还要丰富精彩。

我们每个人都害怕"变故""改变""变动"等词语，尤其是随着年龄的增长，更加抗拒生活发生大的转变。然而，"改变"不应该是被我们排斥的词语。我们之所以抗拒它，是因为我们错误地定义了"改变"二字。我们总是认为，改变就要有牺牲，只有在遇到问题的时候才需要改变，而实际上任何大的变动，都是从小的改变开始。

没伞的孩子必须努力奔跑

如同装修房子，看似是一个巨大的工程，很多人怕麻烦，直接外包出去。但人生不易外包，所有事情都需要亲力亲为，于是很多人直接缴械投降，安于现状或者随遇而安。从来不运动的人，想要立刻参加马拉松比赛，确实是一说出口就会被嘲笑。但是，这不是一项不可能的任务。只需要从现在开始，每天坚持跑步。就做出这么一个小小的改变，或许半年，或许一年之后，就能够全副武装地出现在马拉松赛场上。

"千丈之堤，以蝼蚁之穴溃；百尺之室，以突隙之炽焚。"正是这样的道理，每天改变一点，每周改变一点，每月每年坚持，并不需要一段漫长的时光，就能够看到小改变引起的大效果。

很多人都有周游世界的梦想，毕竟"世界那么大，我想去看看"。但是，周游世界哪有说起来那般容易，需要经费，需要假期，甚至需要有个人同行保证自己的安全。因此，很多人都只是想想而已，而看到朋友在朋友圈里晒游玩照片的时候，只是激动地喊喊口号而已。一个看起来清瘦，甚至有些弱不禁风的姑娘，已经靠自己的力量，周游了半个地球，距离完成周游世界的愿望越来越近。她是如何跳出了说说而已的怪圈，真正开始实践这个大众梦想的呢？

从大学开始，她就开始打零工挣钱，蛋糕店的店员、淘宝店的客服、小学生的家教等她都做过。不仅如此，她时常借图书馆里的游记来阅读，在跟随别人的脚步领略风景的同时，规划自己的游玩地图和路线。参加工作之后，她一边努力工作，不断获得提升和加薪的机会，同时，关注各大航空的机票价格，通过加班和调休来调整自己的假期时长。终于有一天，她第一次踏出了国门，去往了计划中的第一个城市——巴黎。直面埃菲尔铁塔的时候，她自己都感觉这一切似乎不太真实，看着身边妆容精致的法国女人，和来自其他国家的旅行者，她伫立很久，凝视周围的一切，心理荡漾着说不清楚的感觉。坚持了很久的梦想，终于迈出了第一步，到达了第一站，那种心情，或许只有走到那一步才会懂。

短暂的巴黎之旅，不仅是女孩周游世界梦想的第一个里程碑，更在某种程度上改变了女孩的生活态度。回国之后，她重新规划了自己的生活，在工作和生活之余，开始学习化妆、烹饪等。

很多人会问，她是怎么做到的？似乎还有很多人不明白，怎么自己眼中无法触碰的梦，被别人毫不费力地实现了。或许正是从女孩站在蛋糕店里兼职，售出第一个蛋糕开始，梦想的土壤汲取了第一滴水分，种子开始发芽。梦想是什么？就是我们对目前生活的改变，而改变是什么？就是从一朝一夕的变化开始的。在其他人躺在宿舍里看连续剧、和朋友一起逛街购物、和心仪的人谈恋爱的时候，这个女孩站在蛋糕店里，穿着不太合身的制服，微笑着接待每一个顾客。女孩对自己生活的改变就从这里开始，实现梦想的基础也从这里开始。正是这些他人看来不必要的、无所谓的行为，让如今的女孩做成了别人只敢想象的事情。

改变的力量就是如此，我们不必大动干戈，一下子把生活弄得天翻地覆，从自己力所能及的事情开始，每天进步一点。养成一个习惯，尚且需要 21 天，更别说实现一个巨大的目标。改变一点，并不是只改变某一个地方，而是每次做出一些改变，然后坚持下去，保持这样的状态，不断做出小的改变，方能看到大的变化。

想学语言，可以从每天背诵 20 个单词开始，8 个多月便可达到 5000 的词汇量。不仅如此，在践行的过程中，我们会本能地形成一种习惯，并会对自己进行完善，从一天 20 个单词开始，到一天 100 个单词。那么同样是 8 个月的时间，可能会达到词汇量过万的效果。小改变便会引起蝴蝶效应，从背单词开始，到阅读短文、阅读长篇文章，我们完成的目标并不是一蹴而就的，因此也不会感到莫大的压力和无尽的疲惫。

把自己当成碳原子组成的生物吧！原本我们都是黑色不起眼的普通炭，每天把自己身上的碳原子重新排列一下，一天一个，终有一天能够把所有的碳原子重新排列，然后你会发现，自己从不起眼的、丢在路边都不会有人捡起的黑炭，变成了晶莹剔透、价值昂贵的耀眼钻石。

不要害怕改变

我们每个人都有梦想的生活。之所以称为梦想的生活，是因为这种生活仅仅存在于我们的脑海里，从未被实现。

我们都曾幻想过这样的生活：早起健身，做一顿健康可口的早饭，然后精心打扮一番，出门开始美好的一天。在忙碌工作的同时能够感到享受，回家之后能够吃上一顿丰盛的晚饭，然后看一部精彩的电影，进行一小时健身，甚至还能够看会儿书，然后入眠，在甜美的梦境中，等待充实的第二天。

上述的生活模式堪称"样板"，似乎离我们特别遥远。并非因为"样板"不切实际，而是因为多数人都不敢去实现它。如何才能够从每天被闹钟逼迫起床的状态中脱离，不再只是为了挣钱而不得不上班，进而转变为如此健康的生活方式？这在很多人看来都是不可能。可是，为何不可能？将梦想的泡沫击碎的只是我们自己。

当人们看到他人做成了自己一直想做的事情，过上了自己渴望的生活的时候，总是会找诸多借口，别人的运气好，别人的家境好，别人赶上了各种好的政策、遇到了各种好的环境……就是不愿意承认，是自己不努力、不坚持、不勇敢。与其一味地羡慕别人，甚至抱着吃不到葡萄就说葡萄酸的心理，既然对健康、完美的生活和人生如此渴望，渴望到见不得他人实现甚至是实践，为何不改变自己，步入自己喜欢的人生？

故步自封的人，总是不满意自己的生活，但却从不进行改变。我们为什么要做这样的人？素颜的女人美，还是妆容精致的女人美？每个人都有不同的见解，但是可以肯定的是——愿意花时间拾掇自己的女人一定美。

生活中，我们看到的女生大致分为两类，第一类素面朝天，衣着简洁普通；第二类是从头到脚都经过精心的打扮。其实，每个女生心里都住着一个公主，没有女人不喜欢看到自己变得更美丽。只是很多女生难以改变自己的旧观念和生活模式，甚至连衣着的风格都不敢改变，偶尔买了件风格不同的衣服，却不敢穿出门。为何要害怕，为何不能习惯精致生活的自己，为何不能习惯更美丽的自己？

我们做很多事情的逻辑模式，都能够用女人化妆打扮的例子来总结，想要改变但从来不敢去做，更不敢接受改变之后的自己和人生。很多女性，甚至连化个妆，稍微打扮一下再出门，就会各种不自在，感觉全世界都在看着自己。而实际上，来来回回的路人根本不认识你，没有人会登报通告你的改变。我们的每一步，每一次自我审视，每一次着手改变，都只是为了我们自己，只是为了让自己变得更好。

明明知道，稍做改变，就能够变得更好，为何我们迟迟不行动？如同现在很多患了"晚睡强迫症的人"，其实已经明显感到非常疲惫，但就是能够强迫自己玩手机、刷微博、看小说，直到深更半夜才能够入睡。为什么不能习惯早睡早起、朝气蓬勃的自己？

我们到底在害怕什么？究竟是什么样的恐惧，让我们惶恐到站在路中央，阻拦自己往更好的方向转变？国外有很多自发性的互助小组，小组里的人，都是具有同样问题，且自己无法靠自己的力量约束自己的人，例如戒毒互助会、戒酒互助会等。很多人，明知道抽烟有害健康；知道酗酒不仅伤害自己的身体，还可能会酿成更大的惨剧；知道吸毒会终结自己的生命，也会终结家人的幸福，但终究还是拗不过自己，无法让自己戒掉这些，步入正常的生活。于是，他们加入这样的互助小组，通过分享自己的经历，互相督促，互相鼓励，相互搀扶着迈出重塑自我的步伐。

生活中大大小小的琐事不胜枚举，我们不可能完全依靠他人的力量来克制自己，也不可能在找到同病相怜的人之后才敢改变。每个人都有从众心理，每个人都在乎外界的眼光，这样的心理给我们自己附加了莫须有的心理负担。追根溯源，我们只是害怕改变，害怕一个人改变，害怕改变之后产生不好的结果。

安于现状不是洒脱，是逃避。而我们总是畏惧没有发生的事情，畏惧遥远的未来，从而把自己反锁在自己的世界里，期许自己的平静不要被打破。但是，如果不往前走，要路做什么？最可怕的不是看不到自己的不足，不是害怕困难打垮自己，而是看到了要改变的地方而无所作为，明白如何解决困难却不去行动。

可塑性是人类最优秀的品性之一。从未离开父母保护的孩子，第一次迈出家门独立生活，必然会遇到很多问题，面对衣服怎么洗、三餐如何解决、如何进行大扫除等生活中琐碎的小事。每个人都是从零学起，从什么都不会的孩子变成了懂得规划生活的成熟个体。

不要害怕改变，要学会习惯渐渐变好的自己；不要害怕陌生的眼光，要明白这偌大的世界不会停下来去看某一个人的改变；不要害怕未知的路、未知的苦难，要习惯生活固有的模式。敢于改变，习惯改变，习惯不断变好的自己，生活总会善待有这种习惯的人。

·

不要想得多而行动少

在科技没有这么发达，甚至没有网络的年代，人们谋生的方式相对单一，很多人一辈子都在为改善物质生活而奋斗，完全没有时间去纠结精神生活的好坏。现如今，"想得太多，行动太少"已然成为现代人的通病之一。

很多人感叹时代不好，感叹人口众多，感叹各种各样的外界因素，似乎自己生活的品质全部都依靠外部环境。决定对于我们来说，似乎成了一个世纪难题。因为我们几乎不会对自己的决定负责到底，因此，我们一路高举往前走的彩旗，却一个地方来回打转，想做的事情、目标、梦想，都只是想想而已。

我们总是在列计划，写愿望清单，但很少有人真正迈出坚实的一步，勇敢去实践。我们对不进则退的哲理似乎永远参悟不透，于是停在原地，被时间带着倒退的人扎起了堆。

每到夏季，减肥就成了很多人挂在嘴边的事情。各种减肥药、代餐粉成为了炙手可热的产品。网络上减肥成功者的前后对比图，让很多被肥胖困扰的男男女女怦然心动。走在马路上，会遇到各种健身房的会籍顾问热情地冲上来，向我们介绍各式各样的健身套餐。说全民健身减肥，一点也不为过。但是，喊着"吃饱了才有力气减肥"，然后继续胡吃海塞的大有人在。

我们面对生活中很多事情的态度，都如同对待减肥。叫嚷着改变，但却从未真正做出改变。三分钟热度的人太多，节食几天，去健身房大汗淋漓地拍几张照发到朋友圈，等新鲜感过去了，心里的虚荣感被满足之后，又回到了原来的生活模式，出门"逛吃、逛吃、逛吃"，回家"躺吃、躺吃、躺吃"。然后放弃减肥，以"做一个快乐的胖子"为口号，麻痹自己。

用无独有偶都无法描述，我们用上述的减肥模式搪塞了多少事情。对我们来说，迈出改变的第一步，然后坚持走下去，真的是困难到无法坚持的事情吗？也许我们已经开始回避这样的问题。不是改变太难，而是我们难以下定决心，迈出坚定的第一步。

L是国内一家互联网金融公司的高管。年轻有为的L，时常被问起自己的成功经验。而L说自己的成功，都要感谢自己读书时的一段经历。很难想象，L在高中阶段，是全年级倒数的学生。三年的时间，很快被蹉跎完。当同学、朋友、亲戚家的孩子都接到了大学的录取通知书时，L才刚刚填好专科的志愿，等待被录取。那个夏天，对L来说，度日如年。那是L第一次感觉到，自己的人生被自己毁掉了。在大家都带着欣喜的心情迈入大学校门的时候，L做了一个决定——复读。

陌生的学校、陌生的人群，没有朋友，也没有人陪伴。从正常高中50人的班级，变成120人的班级，老师上课带着扩音器，自顾自地讲课，不管学生是否听课，也没有人收作业，一切都全靠自己。很多学生在刚开始复读的时候，劲头满满，但是，时间一长，在无人监管的环境里，很多人又变成了曾经的样子，早恋的早恋、翘课的翘课。L在这样的环境里，一直坚持早起背书、认真听课，课间永远在老师办公室，向老师请教自己未解决的题目，连等公交车的时间都在背化学方程式。一年的时间很快过去，第二次高考终于结束。这次，L的分数达到了上重点大学的分数段。从专科到重点大学，L只用了一年的事情，这让很多人，都感到震惊。

"生活就在一念之间，曾经我也觉得花一年的时间去学习他人三年学习的课程，是一件不可能完成的任务。但当我迈出那一步的时候，我告诉自己，无论如何，我都要坚持到最后。越是坚持，越是完成了每天既定的任务，我的心里越笃定。或许很多人会对我第二次高考的成绩感到惊讶，但是我完全不这么觉得，因为这是我意料之中的事情。"这一段经历，改变了L的人生，不是因为进入了高等学府，而是在自己的亲身经历中，L明白了，"改变"并不是一个可怕的词语，做成一件事情也没有我们想象得那么困难重重。难的是迈出第一步，难的更是一步一步坚持走下去，不论周围的人在做什么，更不要管是否有人一路陪伴扶持。

自那以后，无论任何事情，只要是决定了要完成，L都会按部就班地坚持自己的计划，一步步完成自己的目标。"你必须很努力，才能让别人看起来，毫不费力"，而对L来说，能够坚持做好一件事，完成一个个小目标之后，必能完成曾经看起来触不可及的事情。L说自己并没有多成功，也没有完成什么壮举，只是在自己的人生道路上，从自己身上吸取了经验教训，明白了事情不会少，困难不会少，打击也不会少，但是只要自己始终记得自己要走的路，要去往的地方，不要回头，不要退缩，坚持下去，就一定能够到达目的地。

要行动起来，迈出脚步，才能够有到达的可能，这是多么浅显易懂的道理。但是就如同减肥一样，很多人不是迈不出第一步，就是无法坚持往下走。如果连改变自己都如此艰难，该如何面对生命里猝不及防的各种坎坎坷坷？

不要害怕失败，因为努力勇敢的人，只会看到美好的结果。用平和的心态去面对生活中大大小小的事情，去接受各种各样的挑战，去克服各种各样的困难。流程不过是遇到问题——分解问题，列出解决方法——行动起来，逐一攻破——解决问题。从小学就学过的解题思路，却被很多人遗忘在形形色色的生活诱惑里。没有谁能够替我们改变，如同我们身上的赘肉不会长到别人身上一般，独善其身的主体永远是我们自己。

不要害怕改变自己，不要害怕自己变得更好，不要害怕往前走，路程只会越走越短，相信自己，相信时间，踏过荒芜的沙漠，就是我们向往的绿洲。

不要因错过而惋惜

我们匆匆行走于这个世界，是否可以将一路的美景尽收眼底？是否可以将世间珍品都收归己有？不，不可能，甚至大多数的时候我们常常会错过它们。于是，人生便有了"遗憾"这一词。仔细想想，遗憾能给你留下什么？除了一种难以诉说的隐痛，似乎没有任何好处。所以，不要让自己总是怀有这种隐痛，佛法讲"万事随缘"，既然与之无缘，那就随它去吧！其实，喜欢一样东西未必非要得到它，当你为一份美好而心醉时，远远地欣赏它或许是最明智的选择，错过它或许还会给你带来意想不到的收获。

有位旅行者听说某处景色绝佳，于是他决定不惜一切代价也要找到那个地方，一饱秀色。可是，经历了数年的跋涉后，他已相当疲惫，但目的地依然遥不可及。这时，有位老者给他指了一条岔路，告诉他美丽的地方很多，没必要沿着一条路走到底。他按老者的话去做了，不久他就看到了许多异常美丽的景色，他赞不绝口，流连忘返，庆幸自己没有一味地去找寻梦中那个美丽的地方。

生活就是如此，跋涉于生命之旅，我们的视野有限，如果不肯错过眼前的一些景色，那么可能错过的就是前方更迷人的景色，只有那些善于舍弃的人，才会欣赏到真正的美景。其实，有些错过会诞生美丽，只要你的眼睛和心灵始终在寻找，幸福和快乐很快就会来到。只是有的时候，错过需要勇气，也需要智慧。

喜欢一样东西不一定非要得到它。有时候，有些人为了得到喜欢的东西，殚精竭虑，费尽心机，更有甚者可能会不择手段，以致走向极端。也许他们在拼命追逐之后得到了自己喜欢的东西，但是在追逐的过程中，失去的东西也很多，甚至付出沉重的代价。

许多的心情，可能只有经历过之后才会懂得，如感情，痛过了之后才会懂得如何保护自己，傻过了之后才会懂得适时坚持与放弃，在得到与失去的过程中，我们慢慢认识自己，其实生活并不需要这些无谓的执着，没有什么不能割舍的，学会放弃，生活会更容易！

因此，人生中，不要为错过而惋惜，花朵虽美，但毕竟有凋谢的一天，请不要再对花长叹了。因为可能在接下来的时间里，你将收获雨滴的温馨和细雨的浪漫。

岁月会把拥有变为失去，也会把失去变为拥有。你当年所拥有的，可能今天正在失去，当年未得到的，可能远不如今天你所拥有的。有时候错过正是今后拥有的起点，而有时拥有恰恰是今后失去的理由。

与其愧疚不如尽力补救

没有一个人是没有过失的，有了过失之后勇于改正，前途依然阳光，但若徒有感伤而不从事切实的补救工作，则是最要不得的！在过错发生之后，要及时走出感伤的阴影，不要长期沉浸在内疚之中痛苦不堪，让身心备受折磨，过去的已经过去，再内疚也于事无补。

我们应该吸取过去的教训，不应该活在阴影里，要对错误进行反省，反省之后迅速行动起来，改正自己的错误。

哈蒙是一位商人，长年在外经营生意，少有闲时。当有时间与全家人共度周末时，他非常高兴。

他年迈双亲住的地方，离他的家只有一个小时的路程。哈蒙也非常清楚自己的父母是多么希望见到他和他的家人，但是他很少去看望父母。

不久，他的父亲死了，哈蒙好几个月都陷于内疚之中，回想起父亲曾为自己做过的许多事情，他埋怨自己在父亲有生之年未能尽孝心。在悲痛平定下来后，哈蒙意识到，再大的内疚也无法使父亲死而复生。认识到自己的过错之后，他改变了以往的做法，常常带着妻儿去看望母亲，并经常与母亲保持电话联系。

其实内疚也可以说是人之常情，每个人都曾内疚过，做错事就一定要内疚下去吗？千万不要这样，这是很可怕的事情，它会让你的生活失去绚丽的颜色。如果你能尽力补救，相信你的心就会好过一些。

其实从另一方面说，内疚或许不完全是坏事，因为它确实可以让人变得更加成熟，也可以让我们在今后的日子中减少痛苦并更有能力去摆脱痛苦。不要因为内疚而"走火入魔"，乃至痛恨自己、厌恶自己，甚至厌恶这个世界。所以，大家应该学会释放，不要深陷后悔的自责当中，你应该振奋精神，投身到对错误的补救当中，这才是你当下最该做的事情。只要还没吹响结束的号角，就不要垂头丧气。

同样的一双眼睛，有人看到的是刺骨严寒，有人看到的是梅花傲然，因而也就产生了不同的心境。生活是这样的：你看到它的好，它就给你它的好；你只盯着它的坏，它就让你觉得更坏。所以面对生活，我们应该保持自己的激情和坚强。就算眼前的一些事情令我们迷茫了，也要学会透过迷雾看到希望。人生本来就是一场充满未知的旅行，我们永远不知道下一站会发生什么事情，但不管发生什么，我们都要活下去。那么，快乐是一天，不快乐也是一天，我们为什么不快乐过每一天呢？

所有苦难不过是种历练，这本身就是上苍送给我们的最好的人生礼物。我们应该诚心地去接受它，无论遇喜、遇悲，都把它当成是对于心灵的一种洗礼，告诉自己，这会让我们成熟起来。当我们能以乐观的态度去对待人生中那些看似悲观的事情之时，那么我们的人生都是幸福并成功的。

17 岁的鲍里斯·贝克作为非种子选手，赢得了温布尔登网球公开赛冠军，一举震惊了世界。一年以后他成功卫冕。又过了一年，在一场室外比赛中，19 岁的他在第二轮输给了名不见经传的对手，因而出局。在后来的新闻发布会上，人们问他有何感受。他以在他那个年龄少有的机智答道："你们看，没人死去。我只不过输了一场网球赛而已。"

是的，只不过输了一场比赛而已。当然，这是温布尔登网球公开赛；当然，奖金很丰厚，但这不是生死攸关的事情！当你遭遇挫折时，就当是为自己交一次学费好了。

在现实生活中，有些人会因为失败而跳楼，有些人则会因为战胜失败重新成就了一番更大的事业；有些人会因为对手强大而心生畏惧，有些人则会因为敢于挑战巨人而使自己快速地成为巨人……人生就是这样，只要你思维变了，眼前的世界就会跟着发生截然不同的变化。我们的人生还有很长一段路要走，你不能让自己的心在悲观消沉中度过，那样即便到了寿终之时，我们依旧体会不到真正的快乐。生活本身就带着它的两面性，我们应该学着去漠视它的苦，去体会它的乐。

尽己所能去改善生活

在我们这个世界上，许许多多的人都认为公平合理是生活中应有的现象。我们经常听人说："这不公平！""因为我没有那样做，你也没有权利那样做。"我们整天要求公平合理，每当发现公平不存在时，心里便不高兴。应当说，要求公平并不是错误的心理，但是，如果不能获得公平，就产生一种消极的情绪，这就要注意了。

实际上绝对的公平并不存在，你要寻找绝对公平，就如同寻找神话传说中的宝物一样，是永远也找不到的。这个世界不是根据公平的原则而创造的，譬如，鸟吃虫子，对虫子来说是不公平的；蜘蛛吃苍蝇，对苍蝇来说是不公平的；豹吃狼、狼吃獾、獾吃鼠、鼠又吃……只要看看大自然就可以明白，这个世界并没有公平。飓风、海啸、地震等都是不公平的，人们每天都过着不公平的生活，快乐或不快乐，是与公平无关的。

生活不总是公平的，这着实让人不愉快。许多人错误地认为生活应该是公平的。

承认生活中充满着不公平这一事实的一个好处便是能激励我们去尽己所能，而不再自我伤感。我们知道让每件事情完美并不是"生活的使命"，而是我们自己对生活的挑战，承认这一事实也会让我们不再为他人遗憾。

每个人在成长、做种种决定的过程中都会遇到不同的难题，每个人都有成为牺牲品或遭到不公正对待的时候，承认生活并不总是公平这一事实，并不意味着我们不必尽己所能去改善生活，去改变整个世界；恰恰相反，它正表明我们应该尽己所能去改变。

公平公正能够向往，但不能依赖和强求，不要把堕落的责任推诸他人。更不能自欺欺人！许多不公平的经历我们是无法逃避的，也是无从选择的，我们只能接受现实并进行自我调整，抗拒不但能毁了自己的生活，而且还会使自己精神崩溃。因此，人在无法改变不公和不幸的厄运时，只有学会接受它、适应它，才能把人生航向掉转过来，才能驶往自己真正的理想目的地。

第六章
摆脱迷茫状态，不要把时间浪费在冥思苦想上

迷茫时，要保持冷静的头脑，看清楚自己的现状，制定一个不太遥远的目标，并为之努力。

在初设目标的过程里，不要害怕失败，擦亮眼睛看清楚、想清楚自己即将确定的目标。一旦确定了，就要倾尽全力去争取。不要把时间浪费在冥思苦想上，正确的目标不是想出来的，而是在行动中找到的。

不要为迷茫找借口

很多人在面对失败的时候，总会找这样的借口——我很迷茫，我根本不知道如何去做，又怎么会成功。不置可否，我们会遭遇一些困难和失败，但是并非每一次的失败都如我们口述的那般能够归罪于迷茫，有时候，我们只是浮躁，却不愿意承认。

一个资深的人力资源总监，在给迷茫的年轻人提建议的时候，说了这么一个例子。这么多年，他面试过很多刚毕业的大学生，不论是毕业于什么样的学校、什么专业的学生，都喜欢用"迷茫"这个词来概括自己找工作这件事。同样一套说辞，他从很多人口中都听过。

大一的时候，很多人说"不喜欢这个学校"，或者"我填志愿的时候失误了，然后到这个学校来上大学，我挺迷茫"。大二的时候，很多人说："我发现我真的不喜欢这个专业，和我的性格，完全不搭，我好迷茫。"大三的时候，还是有很多人说："现在换专业已经来不及了，但是我真的不想以后从事这个行业，真迷茫。"等到大四的时候，面临着就业的压力，更多的人加入到了迷茫的队伍中："我真的不知道我该做什么，感觉每一步都走得不对，现在该怎么办，好迷茫啊。"

这个普遍现象引起了这位面试官的思考，为什么年轻人都这么迷茫？但是很多时候，并不是迷茫困扰了他们，而是浮躁和狭隘束缚了他们的脚步。这个面试官面试过一个女生，这个女生给他留下了深刻的印象。整个面试的过程，这个女生几乎是哭着完成的，哭诉自己如何运气不好、如何迷茫，大学读了自己不喜欢的专业，毕业之后在一家私人的会计事务所工作，做的都是端茶倒水、整理文件的琐事。她想不到自己读了这么多年书，竟是这样的人生。她说自己憧憬很多事情，憧憬自己能够在一家大规模的外资企业工作，步步高升，成为能够独当一面的人。

这位资深的人力资源总监，听完了女生的哭诉之后，问了她几个问题："你不喜欢自己的专业，那么你有努力去换专业，或者利用课余和假期的时间去做自己喜欢的事情吗？""你觉得现在的工作都是端茶倒水的琐事，只要有手有脚都可以做，但是你有努力去展示自己的能力，然后让领导信任你、给你更重要的工作吗？""你的目标是进入一家大规模的外企，那么是哪个行业的呢？你英语如何，外企很看重语言，你是否有一直练习提升自己的语言能力呢？""似乎你总是觉得所有的事情，都是外界的因素造成的，但是有没有从自己身上去找原因，甚至尝试去做一些改变呢？"女生在听到这几个问题之后，哑口无言，不知道该如何回答。

很多人和这个女生一样，觉得自己运气不佳，觉得外界环境都在针对自己，然后感到很委屈很迷茫，不知道人生该往哪个方向走下去。实际上，这根本不是迷茫，而是一种以迷茫为借口的浮躁心理和狭隘的思想。面对花花世界，大家都有迷茫的时候，但是有些人不断地尝试，不断地在失败之后再爬起来，找到了自己的方向，然后义无反顾地朝着这个方向奋斗。

而有的年轻人，把时间浪费在迷茫和抱怨上，从未全身心地投入到工作或者自己喜欢的事情当中，他们害怕自己的付出会没有回报，于是忸怩着从未付出行动，最后，所有的时间都花在了迷茫上。而实际上，迷茫只是他们掩盖自己的急躁和狭隘的借口。

某著名杂志的资深撰稿人受邀去一家报社做一场讲座，现场非常火爆，很多人向这位备受敬仰的撰稿人提出问题。大家提出的问题大致可分为两个类型，一部分人问的都是专业问题，例如，如何在写新闻稿的时候，把稿子写得更有灵气更吸引人；另一部分人问的是关于人生方向的问题，例如，在互联网发达的时代，纸媒已经越来越落寞，自己该何去何从，该如何才能够成功。

后来，朋友告诉这位撰稿人，那些提出了第一种类型问题的人，都是报社的骨干，为报社做出了很多贡献，这些人在一直不断地学习，提升自己的专业技能。而提出第二种类型问题的人，都是报社想开除的人，这些人的共同特点是对待工作态度懒散，常常应付了事。

自己是迷茫的人，他们简单的工作都做不好，始终保持着这种浮躁的态度和狭隘的眼光，这些人一定不会成功。越是浪费时间的人，越是觉得时间不够用，而真正把时间都利用起来的人，反而越来越如鱼得水。

如同勤奋是一种习惯一样，习惯于浮躁的人，也已经把浮躁当成一种习惯。我们时常听到有人说："不是我不想努力，只是我不屑过那种拼命工作、不懂得享受生活的日子。我要是努力起来，比那些人都优秀。"在这些人眼中，努力是自己的杀手锏，生怕自己一不小心亮出来，吓坏了大家。其实，他们只是在逃避，害怕失败，害怕努力之后也做不好，那时候就没有借口了。

很多人常常抱怨自己的公司，待遇不好，氛围不好，领导不好……然后说自己打算辞职自己创业，或者转做其他行业。但是几年之后，令人惊讶的是这些人竟然还待在他们口中的"破公司"里。为什么会这样呢？因为他们害怕走错路，害怕犯错，怕自己无法负担犯错的后果，与其冒险尝试，不如保持现状。

虽然，有时候我们会迷茫，但我们不能将迷茫和急躁混淆，不能拿迷茫当借口来掩饰自己狭隘的想法和做法。不要急躁，生活都是一步一步闯出来的；不要狭隘，体验失败是走向成功的最好保证。

只有行动才会有结果

迷茫是人生路上的常旅客，在有些人的人生里，迷茫只是个打了照面的路人，而对另一些人来说，迷茫成了同行的旅伴。之所以会有这样的差别，是因为前者即使迷茫，仍一直在努力尝试，不惧失败；而后者则停留在原地，感叹时光易逝，抱怨生活不公，却从未付诸行动。

很多人都说自己很迷茫，而且总是处于迷茫的状态，这些人四处告知别人自己的迷茫，却从来没有思考过为何他人都在追逐目标，而自己总是处于迷茫的情绪里。有人做过这样的调查，随机采访觉得人生很迷茫的人几个问题。然后发现，这些始终迷茫的人，除了吃饭、睡觉、工作之外，剩余的时间都是在打游戏、看剧、聊天、看八卦新闻，甚至是在发呆中度过的。问他们为何选择这样的方式来消磨时间，很多人都回答自己太闲了。而这简单的三个字正暴露出了问题的本质——很多人不是真的迷茫，而是太闲了。

的确，在处理好工作和生活的琐事之后，有效地分配自己的时间是一项重要技能。不要因为眼下生活的稳定和安逸，而消磨了自己的斗志。我们不是鸵鸟，不能在面对任何问题的时候，都把头深深地埋在沙子里，拒绝去思考。

走出迷茫的第一步，是要找到自己目前最想做的事情。可以先从自己感兴趣的事情开始，比如，喜欢音乐的人，可以把自己谱写的旋律发到网上，甚至可以自弹自唱，让更多的人看到自己的作品，也听听大家的评价。

喜欢写作的人，可以把自己的稿子发布到网站上，例如豆瓣、微信、微博，很多平台都能够变成自由发挥的舞台。很多事情都是如此，看起来没什么希望，但当我们真正跨出那一步的时候，才会发现，往前走就是新世界。

一个知名的电台主播出了一本书，很多粉丝留言问她是怎么做到的，毕竟有一份压力不小的工作，还能坚持写作，然后成功地出书。这位电台主播的回答很简单——坚持。有志者事竟成，就是这个意思。做成一件事的首要条件是，要下定决心，无论成功与否都要坚持到底。如果只是临时起意，心血来潮，只会半途而废。所以，失败的时候，不要先说自己迷茫，更不要抱怨客观环境，而要审视自己是否尽力了，是否坚持到底了。

这位电台主播是如何在忙碌的工作之余，完成了处女作的写作的呢？当决定要写一本书的时候，她开始阅读国内外的名著，甚至连杂志里的短文都字斟句酌，并且她有摘抄的习惯，看到自己喜欢的句子，都会抄在本子上。工作很忙碌，但她总是能够利用零碎的休息时间进行阅读。不仅如此，她还关注了很多知名的作家，经常浏览他们的作品，学习他们的写作手法和技巧。对于新闻和热点时间的报道，她也全都不放过，只要是有助于自己完成写作梦想的，她都会去看。当自己有灵感的时候，不论是在家里，还是在其他地方，她都会立刻记在手机备忘录里。每天晚上，她都会坚持坐在电脑前，认真地写，拼命地写，就这样慢慢地养成了写作的习惯，甚至经常提前完成自己的写作计划。

我们都经常会说，"我很忙啊"。但是有多少人是真正忙忙碌碌，大多数人都只是无病呻吟罢了。而这位电台女主播是真的很忙，她也会看综艺节目，但都会挑选对习作有益的节目看，然后把其中新颖的观点记录下来。她也会和朋友聊天，但聊及的都是题材、排版等。在大家都沉静在偶像剧里不能自拔的时候，她看似毫不费力地写成了一本书，实际上，她只是用努力和坚持兑现了自己的诺言。

感到迷茫的人，说到底就是没有目标，或者只是把目标挂在嘴上。目标是什么，就是我们想要达到的一种状态，或者想要得到的某种东西，想要完成的某件事情。有些人想要买房买车，有些人想要升职加薪，有些人想要旅行，这些都是目标。终日迷茫的人总是希望天上能够掉下馅饼来，除此之外，他们脑子里一片空白。什么都不想并不是一件好事，因为这暴露了一个人懒惰的本性。不付出任何艰辛就想不劳而获。

想要告别迷茫，或者能够在迷茫的时候顺利地走出来，首先要做的就是改变自己的想法，不要再懒惰，也不要总是围绕着"迷茫"二字打转。行动起来，去寻找自己想做的事情，从小事入手，一步步地往前走。让自己忙起来，哪怕在别人眼中自己忙的事情是无用的，也要坚持下去。时间，从来不会让我们的努力白费，或许在当时看不到成果，但终会在某一天，我们会发现当初抵死坚持的某件小事，给我们带来了巨大的惊喜。

迷茫不是借口，不是困难，不是我们人生路上的敌人；很多时候，迷茫像是个闹钟，提醒我们该寻找目标了，该有所行动了，该放弃自己的惰性让自己忙碌起来了。梦想就是从实现一个个目标开始的，远方是从脚下的道路出发的，只有开始，才会有结果，只有不断追逐，才会有结果。

迷茫是生活的一种常态

我们时常会遇到这样的情况，突然发现自己对很多事情都失去了原有的兴趣，感觉似乎没有事情能让自己再热血沸腾起来，像是掉入了一个白雾迷漫的地方，心里既迷茫又害怕。

我们总是喜欢说自己迷茫，把迷茫看成前进路上的巨大障碍，但我们却没有意识到，其实每个人都有迷茫的时候，即使是看尽了人间百态，也会突然对自己的人生感到迷茫。迷茫和孤独一样，是我们生活的一种常态。

如今已是某大学的知名教授的张立辉，曾和学生分享过自己在迷茫时期的故事。在读研第三年的时候，面对考博和找工作的选择，他迷茫了很长一段时间。当时，他已经通过了一家杂志社的三轮面试，没毕业就已经获得了一个工作岗位。杂志社开出的薪水并不多，在上海这样的一线城市，只能勉强生活下来。最后，在自己深爱的文学和专业之间，他选择了专业，继续攻读博士学位，然后留在了学校任教，通过不断努力，坐到了教授的位置。

　　他告诉自己的学生，虽然已经过了很多年，但是当时那种迷茫的感觉，自己始终无法忘怀。一个人独处的时候，特别是晚上，他就会回忆起当年的选择，然后问自己，如果当年选择了进杂志社，现在的自己是不是过着完全不同的生活？不需要拼命地写论文，发论文，也不用备课到深夜，只需要审阅投稿的稿件，还有时间能够阅读自己喜欢的书籍，也许自己已经出了好几本书了。每每这样想，他总会问自己，难道当初真的选错了路？

　　当年那种对未来迷茫到窒息的感觉，他始终不曾忘记。当时为了生计放弃了自己真心喜爱的职业，这或许是自己一辈子的遗憾。也责备过当时自己的不勇敢，在应该坚定的时候，却迷茫起来。

　　不断地这样反问自己，不断地回忆起当时的选择，不断地后悔和遗憾之后，自己才慢慢明白过来，其实生活就是这样，没有什么标准答案。每一个人现在过的生活，都是以放弃另一种生活为代价的，每个看似光鲜亮丽的人的背后，都有一段阴郁的过往，每一个看似洞明世事的人，其实都有过迷茫的时期。如同人不能停止呼吸一样，迷茫也是生命中的一种现象，我们谁都无法逃避。

　　一句"世界那么大，我想去看看"，让很多年轻人开始重新思考人生。越来越多的人，觉得自己每天朝九晚五的工作特别枯燥，下班之后的时间不多，基本都是通过玩游戏和看肥皂剧来打发。于是很多人，冲动地想要辞掉工作，前往所谓的远方散心，甚至有人说这是为了找回自己。他们长期处在快节奏的环境里，很容易就迷失了方向，于是开始怀疑人生，在自己的脑海里将精神生活和物质生活对立起来，从而陷入了迷茫状态。

我们要知道，迷茫并不丢脸，这是生活的常态，这是人生的常态。我们每个人都需要一个平衡点来平衡自己和生活。但是，即使是迷茫，也不用选择太偏激的方式去解决。想出去看看，请假就可以，为何一定要辞职才能出去看看呢？很多时候，去过了远方，才会明白最美好的、自己最想要的其实就在身旁。很多人冲动之后才明白，让自己迷茫的不是生活本身，而是某个阶段，人会不由自主地去思考、去迷茫，这就是人生的有趣模式。

让我们迷茫的不仅仅是生活、工作，还有爱情、婚姻等。陈女士的婚姻生活非常不幸福，爱人总是不体贴她的感受，时间久了，她心里的疙瘩越来越大。关于婚姻，她似乎没有了之前的热情和坚定，她开始迷茫起来，觉得自己是不是选错了人了，甚至幻想如果当初选择了另外一个人，是不是就是另外一种生活。越是抱着这样的想法，她越是陷入了迷茫之中，甚至开始联系之前的旧情人。一段时间过后，她又觉得自己是否是想得太多，丈夫已经把工作之余的时间基本都用在了家庭中，很少出去应酬，对自己的父母也足够孝顺。而之前让自己所有介怀的事情，可能是自己多虑，很多细节自己都不一定能够做到，如何能要求别人都想到且照顾到呢。看似问题解决了，但是这样对立的思维一直在她的脑子里打架。直到有一次，丈夫在工作的时候出了意外时候，她才明白，自己一直纠结的、迷茫的，都是微不足道的事情，其实情况没有自己想象的那么糟糕，只是有时候自己把情绪一直放大才导致不良情绪占了主导。

我们的一生要遇到很多人，要碰到很多事情，要承担很多责任，难免会经常碰到想不通、不会做选择，甚至看不清事情本质的时候。这是每个人生活中都会遇到的正常情况，"路漫漫其修远兮"，每个人都有迷茫的时候，都会有晕头转向找不到路的时候。这时候，我们不能害怕，可以停下来，深呼吸，甚至一个人思考一段时间，然后整装待发继续前行，也许经历了迷茫之后，我们的视线会更加长远、清晰。

迷茫不是人生里的黑色系，更不是电闪雷鸣的暴风雨，它只是一块小小的乌云，时而散开，时而聚拢，但绝对不会一直待在你的头顶上，它会慢慢消散，之后便是万里晴空。

在迷茫中清醒

迷茫，每个人都经历过。不论是初出茅庐的年轻人，还是已经成功的人士，每个人都会有迷茫的时候，何况人生数十载，谁都不可能永远保持清醒的头脑来眼观六路、耳听八方。

迷茫，不是一个可怕的状态，甚至很多时候，迷茫会让我们有更深入的思考，带来更大的成长。因此，对待迷茫的正确态度是——允许人生有迷茫的时候，尽可能在度过迷茫期的过程中，有更多的成长。

很多人直到中年都不清楚自己喜欢做什么，应该做什么，在前几十年做了些什么，更何况是刚踏入社会的年轻人。每个人在年轻的时候，都需要经历一段艰苦的奋斗期，所以，从某种层面来说，迷茫是一件好事，是因为思考不出结果，我们才会迷茫，这代表我们还有追求、有梦想，只是遇到了困难或者瓶颈，需要一段时间来看清前路。

很多刚走出象牙塔的大学生，不知道自己该何去何从，甚至不清楚自己能做什么。李雅雯和很多人一样，是个普通大学毕业的普通学生，平凡的家庭背景，没有所谓强硬的人际关系。刚毕业的时候，她和所有同龄人一样，每天在网上投简历，然后疯狂地参加各种行业、各种不同岗位的面试。

然而其实，大多数人都只是因为要找工作而找工作，完全不知道自己的方向在哪里，主观地觉得某项工作要求不高，自己的能力也能够符合工作内容中的要求，于是就匆忙地投简历尝试。

李雅雯也是如此，在得到了一家公司的认可之后，就匆忙地入职了，甚至连公司的具体业务都没有了解过，工作了一天才发现自己做的岗位是理财销售，每天需要按照话单上的电话去做外拨，底薪很低，只有拉到客户来投资，才能得到和投资额成一定比例的绩效。工作了一周之后，李雅雯陷入了深深的焦虑之中，误打误撞地进入了这个和自己专业完全无关的岗位上，才发现真实的工作和自己想要的相差甚远。

没过多久，李雅雯便辞掉了这份工作，同时她也不敢再海投简历。看到有些同学顺利地找到了不错的岗位，她更加怀疑自己，为什么别人都能够顺利地找到工作而自己根本不知道该做什么、能做什么。她甚至想过，自己是否应该去准备研究生考试，再给自己两年的时间仔细思考。但是又考虑到父母或许不会同意自己的这个想法，况且自己可能只是想要逃避找工作的过程，如果花费了时间去准备考研，但失败了，自己还是要重新开始找工作。思前想后，李雅雯始终没有想出结果，她陷入了深深的迷茫之中。

很多人都有过类似的经历，或许是在家庭、爱情等方面迷茫过。人生本来就是一场不知道目的地的没有退路的远行。没有人在出生时就知道自己该走哪条路，然后制订好详细的计划，一步步去完成。如果每个人的人生都有剧本，那我们就不会再有努力的动力，生命也就失去了色彩。迷茫是每个人都会遇到的，甚至会不止一次地遇到。

在迷茫的时候，我们应该给自己充足的时间去调节，正视这段迷茫的时间，甚至去拥抱它。很多时候我们自己给了自己过多的压力，总觉得他人的生活似乎一直顺风顺水，总是能够心想事成。而自己的生活总是出现很多磕磕绊绊，困难一个接着一个，自己连喘息的机会都没有。而当迷茫和陷入困境的时候，最忌讳这样的心态。总的来说，生活给每个人的碾压感是相同的，很多时候表面看起来一直一帆风顺的人，他们不是没有迷茫的时候，只是他们选择了正视迷茫，并积极地想办法摆脱迷茫的状态。因此，不必害怕迷茫。因为迷茫本身不是我们的错，我们无须给自己过大的压力，而是应该努力尝试，允许自己有失误的时候。

后来，李雅雯在同学的推荐下，进入了一家公司做数据分析，在这个过程中她发现，这其实正是自己大学时期喜欢的领域，对于能够在这个领域继续学习，她感到非常开心。上司的耐心教导、同事的帮助以及公司轻松的氛围，让她慢慢地走出了迷茫，虽然不清楚遥远的未来会是什么模样，但是至少自己启程往未来的方向行走，每走好一步，内心就更笃定了一些，慢慢地迷茫自然就消失了，有的只是对未来的憧憬和畅想。

正视迷茫，接受迷茫的自己，学会在迷茫的时候迈出一步，或许会发现另一片天地。迷茫不是我们的错，我们无须惩罚自己。人生的每一个阶段都会遇到很多问题，会迷茫，说明我们在认真地考虑生活、考虑未来。

再成功的人，都会有迷茫的时候，甚至在成功之后，也难免会迷茫。因此，我们不必因为迷茫而担惊受怕，甚至全盘否定自己，迷茫不是我们的错。哪怕是走错路，需要重新选择方向也没有关系，不试几次，怎么会知道自己心里想的到底是什么；不迷茫几次，怎么提升自我。迷茫让我们成长，只要我们学会正视它，用理智的大脑、良好的心态就会走出迷茫。

迷茫是因为没有清晰的目标

在很多人眼里，迷茫是一种难以在短时间内痊愈的疾病，于是他们想尽各种办法来摆脱迷茫。但是很多时候，这样可能是"病急乱投医"。面对迷茫，不要过度恐惧。

每年夏天，都有很多年轻人告别了学业生涯，踏上了工作的旅程。社会、家庭甚至是这些年轻人自己，都有这样一种观念——名校毕业的学生素质好、能力强。

某企业 CEO 在演讲时，有一位年轻人站起来问了这样的问题："我是一个三流大学的学生。在我的学校里，没有人认真学习，大家似乎对未来都没有什么特别的计划，有时候我会担心像我这样学历不高、起点比较低的人，该如何面对社会？" CEO 当即问这个学生："你在你所谓的三流学校里，成绩是出类拔萃的吗？"学生摇摇头。于是 CEO 说："那么，让你恐惧的不是你身处的环境，而是你自己。"

是的，人生最容易迷茫的时光，就是二十岁到而立之年的这段时光，虽然这是人生最美好的时光。这其中，很多使我们迷茫的都并不是因为我们处在一个不利的环境，而我们在行动的时候容易有畏首畏尾的情绪，没有清晰的目标。

虽然很多成功人士在给年轻人建议的时候，都会说先要确立一个不动摇的明确目标，然后埋头苦干，向着自己的目标奋力拼搏。可是现实是，在二十几岁的年纪，很多人的阅历尚浅，对很多事情都无法准确地判断，更别说设定一个人生的目标了。因此，很多人感到十分迷茫。

职业生涯占据了我们人生的大部分时间，甚至不同的职业可能会带来不同的人生，因此我们都特别在乎自己的职业选择。初入社会的人，几乎都要过上几年漂泊不定的日子。也许有的人找到了职业方向，就此一路走下去。而更多的人是在各个行业、不同公司之间游荡，始终找不到一个方向，始终处于一种焦躁的迷茫状态。

在陷入如此窘境的时候，不要慌张，不必急于设定长远的目标。但是需要有一个近期的目标，哪怕后期进行调整也没有关系，至少有个明确的目标能让自己行动起来。在这个过程中，我们会慢慢发现自己想要的东西、适合的职业方向等。我们前进的过程，是一个不断选择的过程，在这个过程里，用心的人会抓紧自己想要的东西，而慢慢抛弃那些生命里不必要的"饰物"。

在初设目标的过程里，不要害怕失败，擦亮眼睛看清楚、想清楚自己的目标。一旦确定了，就要倾尽全力去争取。绝不要把时间浪费在冥思苦想上，正确的目标不是想出来的，而是在行动中找到的。

不可否认的是，很多时候当我们朝着一个方向，奋斗了一段时间之后，发现走偏了方向，但是这并不代表这段路途的艰苦卓绝都会白费，要相信这个过程中得到的磨炼，都会在未来某个不经意的时候体现出效果。

没伞的孩子必须努力奔跑

　　小陈是个毕业于普通本科院校的女生，在毕业的时候，被一家外企的文化深深地吸引，虽然首次面试没有通过，但小陈并没有气馁，而是一直积极地提升自己，想要成为这家企业的一员。目标岗位要求就职者能够流利地和国外客户进行沟通，本身英语水平已经不错的小陈仍然坚持提升自己的语言能力，利用早晚乘地铁的时间听各种口语对话的影评，在观看美剧的时候尽量选择英文字幕，并且模仿剧中一些实用的句子。不仅如此，在不断提高英语口语的同时，小陈还努力学习日语，周末去参加日语补习。

　　一年之后，正逢这家公司有新的职位空缺，小陈投递了简历，并在面试中表现出色，这次她终于获得了心仪的职位。后来得知，面试官之所以录用她的原因，就是她和很多年轻人不同，在同样的迷茫时期，她没有随波逐流，更没有破罐子破摔，而是设定了目标，并且努力地为之奋斗。就这样，小陈完成了自己阶段性的目标。

　　在奋斗的时候，我们每个人都像是攀爬一座座大山，起步时，我们站在山脚，只能看到离我们最近的最矮的山峰，当我们爬到山顶之后，才能看到后面更高、景色更美的山峰。

　　没有人能够看透人生的结局，甚至无法预测五年之后的自己。但可以确定的是，我们到达的目的地，甚至是五年之后所处的位置，都和现在的每一个当下紧密相关。

　　面对迷茫，停止不动是最消极的方式。应该擦亮自己的眼睛，清醒自己的头脑，然后选择一个目标，每天朝着这个目标前进一点点，哪怕这个目标和自己最终要去的地方有些许偏差，在这个前进的过程里，我们学会了冷静，学会了选择，学会了坚定地往前走。而我们所谓的人生目标，都是在这样的小目标里，一点点变得清晰的。

面对迷茫，要保持冷静的头脑，看清楚自己的现状，制定一个不太遥远的目标，开始努力。这个世界上不会有付诸东流的努力，珍惜时光，有时候迷茫也是一种难得的体验。

努力奔跑就有机遇

"你是一个没有雨伞的孩子，下大雨的时候，人家可以撑着伞慢慢走，但是你必须奔跑……"是的，你只有努力奔跑。

你不能躲起来等雨停，因为雨停了或许天也就黑了，那时候你的路会更难走；你没有办法等待雨伞，因为你没有雨伞，也没有人会给你送伞。所以，你只能选择奔跑，而且是努力奔跑，因为跑得越快，被淋得就越少。

当大雨来时，奔跑不单单是一种能力，更是一种态度，这种态度将决定你人生的高度。

也许有的人认为：为什么要跑，难道跑到前面就没雨了吗？既然都是在雨中，我又为什么要浪费力气去跑呢？是的，即使跑得再快，你也会被淋湿。但这更是一个态度的问题。努力奔跑的人可能会得到更好的结果，那就是衣服只湿了一点点，并不影响继续穿，而且可以继续他的社会活动；而不愿奔跑的人其人生态度就显得消极很多，他选择了逆来顺受，所以被淋透的可能性是百分之百。奔跑的人还有机会，不愿奔跑的人则注定失败。

有这样一个男人，他21岁那年从外地来到北京拜师学艺，却四处碰壁。不久之后，他和几个朋友成立了一个小俱乐部，靠在街头卖艺混口饭吃。那时候，他住在北京的郊区，从住处到市中心足足有一个多小时的车程。为了省钱，他连公交车也舍不得坐，每天都骑着自行车来回奔波穿梭，每天的行程都需要花费四五个小时。可尽管如此，他从来没耽误一次学艺或是演出。

可命运似乎总爱和努力的人开玩笑，失败一次次降临，成功成了遥不可及的目标。有一次，他仍像平时一样练习到深夜才骑车回家，可刚骑出没多远，突然发现车链子掉了下来。午夜的街道上，公交车已经停运，他也没钱打出租车。第二天下午还有一场重要的演出，他脚一跺，牙一咬，把自行车扔在路边，硬着头皮向郊外的出租屋走去。

正值秋雨绵绵的季节，天色微微发亮的时候他才浑身上下湿漉漉地回到住处，头晕目眩的他一头栽倒在床上，发起了高烧，他心里清楚，这样下去非出事不可。于是，他勉强支撑起身体，翻箱倒柜地找出一个破传呼机，拿到街上卖了 10 多块钱，买了两个馒头和几包感冒药，硬是挺了过去。

当他下午面色蜡黄地赶到演出地点时，他的搭档吓了一跳，连忙问他出了什么事，他笑着说了昨晚的遭遇。看着他憔悴的面庞，搭档的眼泪在眼眶里直打转，轻轻拍了拍他的肩，什么也没说，搀扶着他走上了前台。

几年以后，这个男人已经红透了大江南北，有人把他当年的这些故事挖掘出来，问他为什么能坚持到现在，他微笑着回答："我小的时候家里穷，那时候在学校，一下雨别的孩子就站在教室里等伞，可我知道我家没伞啊，所以我就顶着雨往家跑，没伞的孩子你就得拼命奔跑！像我们这样没背景、没家境、没关系、没金钱的，一无所有的人，你还不拼命工作，拼命奔跑，那活着还有什么意思?"

现实生活中，我们绝大多数人都和故事中的这个男人一样，都是没有雨伞却刚好碰到大雨的孩子，我们的出身很平凡，所以相对而言，我们在人生路上碰到的雨水都要更大一些，我们没有选择，只有那一条相对艰难的路，你不跑，便不知何时才能走到路的尽头，你跑起来，才有越过泥泞的希望，所以没有伞的孩子，我们只能选择努力奔跑。现在的我们仍然看着很平凡，名不见经传，但是我们要向着不平凡去努力。当然，就结果而言，我们不敢有绝对的判断，但是跑与不跑的两种态度将决定我们生命的质量：第一种人还有希望，第二种人只有失望。

一个人的起点低并不可怕，怕的是境界低。有时越在意自我，便越没有发展前景；相反，越是主动付出，那么发展就越发快速。很多功成名就的人，在事业初期都是从零开始，把自己沉淀再沉淀、倒空再倒空、归零再归零，他们的人生才一路高歌，一路飞扬。

只要努力就能出人头地

当你站在大街上，看着行色匆匆的人，他们谁不是在为生活、为梦想努力着? 那么凭什么你不求上进，却每天对着别人讲：这个世界对我太不公平!

你羡慕那些开豪车住豪宅的人，你羡慕月薪比你高的人，你甚至羡慕别人的如花美眷，你羡慕所有过得比你好的人，可是，你眼睛只盯着人家的享受，却没有看到人家背后的付出。

你什么都不肯付出，那么你又有什么资格去过你所憧憬的生活？显而易见，不是世界对你不公，而是你对自己太放松；不是生活抛弃了你，而是你太萎靡。

如果你想比别人过得好一点，你就要多努力一点；你想成就高一点，就要多磨砺一点，不管顺风也好，逆风也罢，至少你要有一种飞扬的气魄。

在中国信息产业界，有这样一个女人，她创下了几个第一：第一个成为跨国信息产业公司中国区总经理的内地人；第一个也是唯一一个坐上如此高位的女性；第一个也是唯一一个只有初中文凭和成人高考英语大专文凭的跨国公司中国区总经理。在中国经理人中，她被尊为"打工皇后"。读到这里，应该有很多朋友都能叫出她的名字了，没错，她就是吴士宏。

吴士宏可以说一度被绝大多数女性甚至是很多男性奉为偶像，只不过，我们大多只看到了她人前的光鲜，却并未看到她奋斗的辛酸。

吴士宏出生在北京一户普通人家，初中毕业以后，她曾在北京椿树医院做过一段时间护士。随后，一场大病几乎令她丧失了活下去的勇气。然而，大病初愈的吴士宏却突然感悟到：决不能再这样下去。于是，通过自学考试，吴士宏取得了英语专科文凭，并通过外企服务公司顺利进入 IBM，从事办公勤务工作。

其实，这份工作说好听一些叫"办公勤务"，说得直白一些，就是"打杂"。这是一个处在最底层的卑微角色，端茶倒水、打扫卫生等一切杂事，都是她的工作。一次，吴士宏推着满满一车办公用品回到公司，在楼下却被保安以检查外企工作证为由，拦在了门外，像吴士宏这种身份的员工，根本就没有证件，于是二人就这样在楼下僵持着，面对大楼进出的人异样的眼光，她恨不得找个地缝钻进去。

然而，即使环境如此艰难，吴士宏依然坚持着，她暗暗发誓：终有一天我要出人头地，决不会再让人拦在任何门外！

从此，吴士宏每天利用大量时间为自己充电。一年以后，她争取到了公司内部培训的机会，由"办公勤务"转为销售代表。不断的努力，令吴士宏的业绩不断飙升，她从销售员一路攀升，先后成为 IBM 华南分公司总经理、IBM 中国销售渠道总经理、微软大中华区总经理，成了中国职业经理人中的一面旗帜。

看看这个与众不同的女人，再看看我们自己！你在自怨自艾的同时，到底失去了什么？如果你不知道，那么这个故事可以告诉你：你失去了堂堂正正做人的精气神，你抱怨有余、努力不足，那么成功就不会眷顾你。

站起来，告别忧郁，告别抱怨，好好奋斗。其实在努力的人面前，一切所谓的困难都是纸老虎。你做得不好，皆因你不够努力。

第七章
学会享受孤寂，才能体味到人生百味

　　漫漫人生路，总有一段路与孤独有关；悠悠岁月，终有一段时光我们要与孤独同行。我们要珍惜生活，要像品咖啡一样，一口一口慢慢地细细品味，才能体味到人生百味，才会在孤独中升华。有人说人生是一场修行，那么孤独就是修行过程中的一种历练，只有耐得住孤独才会超凡脱俗，才会脱胎换骨，获得精彩人生。人生总是这样，没有完全的陪伴也没有长久的同伴，最终我们都会在自己选择的路上一个人慢慢跋涉。

独处是最好的时光

很多人在默默无闻的时候，时常抱怨无聊的时间太多；而成为了大众的焦点，变成了成功人士之后，却发现曾经那些独处的时光如此珍贵，让自己增值、成长的，正是那些自己曾觉得枯燥和无聊的时光。

不要感到孤独，每个人都是孤独的，但这个世界上不存在真正的孤独。所谓孤寂本身就是一个虚化的词语，当我们学会享受孤寂，便不会感到孤独。某知名奢侈品牌的御用设计师梅丽莎就是一个不抗拒孤独，甚至热爱孤独时光的人。学生时期的梅丽莎就是一个耐得住寂寞的女生，很多女生总喜欢扎堆做事情，一起上补习班、一起出去玩、课间一起聊天、放学一起回家等。那个时候的梅丽莎便会偶尔找时间，自己一个人回到家中，在房间里画画。妈妈问她，为什么不和朋友们一起画画？她回答说觉得一个人画画的时候更能够集中精神，画得更好。梅丽莎从来没有改变过这个习惯，在需要独处的时候，她会果断地选择独处。虽然很多时候、很多任务需要团队合作，但这并不代表我们不可以有自己独处的时间，甚至有时候我们在独处时的想法能够帮助团队解决眼下的问题。在很多人眼中，梅丽莎的这个习惯是个怪癖，但正是这样的怪癖成就了如今的梅丽莎。

梅丽莎曾在给某杂志写的一篇自传性文章中写道："我其实是一个特别合群的人，我只是比较清楚什么时候该自己与自己相处。独处是我的一种技能，因为在只有我一个人的时候，我才可以尽情发泄自己的情绪，甚至可以和自己对话，而有时候这种方式带来的效果远远大于和另一个人争执。当我有灵感的时候，我习惯先自己与自己沟通，看看想法是否可行，然后才会告诉我的团队，这样的方法不仅节约了我的时间，也提高了团队的效率。学会独处，是一件非常重要的事情，我们不应该为此感到孤独，而应该感谢自己还有能够独处的时间。"

孤独只是人的心理感觉，因为我们对外在环境有太多不切实际的诉求。一个人的时候就是孤独吗？那么所有人都是孤独的。事实上，的确每个人都是孤独的，但这种孤独是积极的。孤寂也好，孤独也罢，不过是我们不愿意安排自己的生活，不愿意用零碎的时间做更多的事情的推托之词。与其四处约朋友来打发无聊的时间，何不看一场经典的电影，读一本喜欢的书，或者做一些自己一直想做的事情？当我们还有时间感到孤寂，就证明生活还没有折磨我们到无法喘息。何不利用这段时间充实自己，提升自己，让自己能够以充足的准备来面对未来。

我们总是抱怨生活不公平，抱怨成功的人有更多的时间追求梦想，抱怨种种却从不抱怨自己。繁忙的时候，抱怨太辛苦；空闲的时候，抱怨太无聊。殊不知很多人都在繁忙中挤出时间，一个人静一静，理智地思考问题。而最终成功的多是这些懂得抽时间让自己成长的人。总是抱怨时间不够的我们，是否在别人健身的时候，躺在床上看剧；是否在别人读书的时候，捧着手机看毫无营养的长篇电视剧，是否在别人起床的时候熟睡，别人熬夜的时候做梦……如此多的时光，都被我们以枯燥的方式浪费掉，生命的能量也在这样的蹉跎中，一点点流逝。

当被问及为什么失败的时候，很多人会回答：我没有时间，或者我一个人的力量太小，我需要别人的帮助。而实际这些都是对自己能力不够、意志不坚定的掩饰。我们有大把的时间来抱怨，甚至会说自己太闲、生活太无聊，却没有时间去做自己想做的事情。我们能够一个人吃饭、睡觉，却不能够一个人完成一项任务，这样的说辞着实让人匪夷所思。

感到孤寂的时候，不要再胡思乱想，不要再想方设法打发这宝贵的时光，应当感到窃喜，自己还有时间停下来，好好地看看自己，好好审视来时的路和要去的地方。孤寂是独处最好的时光，因为越是成长，年龄越大，我们能够独处的时间就越少，工作的繁忙和压力，家庭的琐事和责任，甚至还会有突发情况不断出现，让我们措手不及。当这一切都发生的时候，我们才会醒悟原来那些孤独的时光那么美好，至少可以一个人看看星星，想想未来。

学会享受当下的孤独

很多人常说，我们终其一生，都在寻找一条有人陪伴的路。单身的人想找到属于自己的灵魂伴侣，孤儿想要寻找亲生父母，创业的人要寻找志同道合的伙伴……很多时候，在自己状态不好，甚至处于低谷的时候，我们的心里会不由自主地奢求有人能够同行或者陪伴；在幸运之神降临在自己身边的时候，我们需要有人能够分享自己的喜悦，真心为自己祝福。

习惯被陪伴是现代人的共同特征，我们如同害怕黑暗一般地害怕孤单。而实际上，独处是件可贵的事情，当身处孤独的时候，我们应该学会享受。

小 A 是个从小就有很强依赖性的人，直到上初中，才敢一个人独自在一个房间睡觉，偶尔还会半夜抱着枕头和被子钻到父母床上。上高中之后，小 A 的父母离婚了，小 A 跟着母亲生活。她的母亲是一家医院的护士，经常需要上夜班。刚开始和母亲单独生活的时候，一到母亲上夜班的日子，小 A 几乎是整夜不睡的。她害怕一个人，非常害怕，但是又不愿成为母亲的负担，于是只能靠在沙发上，整夜整夜地看剧。上大学之后，小 A 仍然是个害怕独处的人，总是和室友一起行动，虽然有时候是去做自己完全不感兴趣的事情。

谁能想到，正是这样一个女孩，如今已经成为一个独立的、有气质的高级白领。如今，小 A 已经在陌生的城市里，独自租住近 5 年。很多朋友问她，是如何从一个完全无法接受独处的人，变成了一个能够独立生活的人。小 A 说，刚开始独立生活的时候，自己非常不适应，甚至把生活弄得一团糟。北京昂贵的房租和快节奏的生活压得她喘不上气来。一段时间之后，她变得非常憔悴，每天都觉得自己很疲惫，这样的精神状况下，小 A 不仅无法照顾好自己的生活，甚至连工作都有些力不从心。于是，她下定决心要改变现状。

小 A 决定改变的第一件事，就是自己的作息时间，她开始执行严格的早起早睡的计划。虽然有时晚上会失眠，小 A 还是尽量让自己的生物钟调整到计划的模式。之后，她开始制订计划丰富自己的空余时间。最初，她选择的方式是看电影。为了能够让自己更加舒适，她特意去宜家购买了一个精致的小沙发，将自己想看的电影列出来，一天一部，有灵感的时候，还会写写影评。在慢慢适应了这个模式之后，小 A 提高了对自己的要求，制订了读书的计划，从每个月读一本书，到每周读一本书。不仅如此，小 A 学起了游泳，她每周给自己安排两堂课，从完全不懂游泳，到能够熟练地游蛙泳，小 A 仅仅用了 3 个月的时间。如今，小 A 的计划里的内容已经变得更加丰富，她计划每年出游两次，为了能够充分利用旅游的时间，她花了很多心思去搜集整理旅游攻略等。

时间久了之后，小 A 不仅适应了这种一个人的生活，更加享受这种独处的时光。当回首过去，小 A 也会觉得这一切似乎都不真实。曾经的自己，最害怕独自一人，而如今，自己却无比享受这样的生活。在独自居住的五年里，小 A 看了近 1000 部电影，阅读的各类书籍累计近 500 本，去过很多地方，有了更丰富的成长经历。

当我们怀疑自己，害怕孤独，甚至因为孤独而手忙脚乱的时候，不妨学习小 A，从安排自己的时间开始，从制订能够执行的计划开始。孤独，不是打败人的困境，而是能够让人冷静思考，重新开始的宝贵转折点。如果仅仅把这样的时光用来感伤和蹉跎，那实在是一种莫大的浪费和遗憾。我们应该与这个生活中的不速之客好好相处，它的出现不是为了让我们的生活更加平淡无奇，而是为了给我们提供丰富生活的时间和空间。

很多人都有过这样的感受，自己做的事情不被任何人理解，自己的想法不被任何人接受，因而觉得生不逢时，异常孤独。当我们感到孤独的时候，更应该学会理性地思考，想清楚自己为何会感到莫大的孤独，应该做什么样的改变。

很多时候，孤独只是我们自己的心理暗示。我们所谓的孤独，不过是几个小时独处的时间。而真正让人成长的孤寂，是一段较长的转换期。我们必须给自己上足发条，才好让自己在这个浮躁的社会里始终保持初心，做最好的自己。

享受孤独吧，它就像一杯色泽诱人、醇香醉人的美酒，只有细细品味，慢慢享受，才知其中奥妙。

学会独处

如今，社会中很多人得了一种怪病——不能独自吃饭、不能独自工作，甚至不能独自上厕所。似乎做任何事情，都需要另一个人或者一群人的陪伴。莫名地对他人产生了一种难以抗拒的心理依赖。不知何时起，"寂寞"二字从一个中性词变成了带有悲情色彩的词语。人们似乎终于看清了自己是群居动物的属性，纷纷抗拒寂寞，甚至会在独自一人的时候暗自神伤。而实际上，在面对纷繁复杂的社会时，孤寂才是最好的增值时间。

古时候，有"闭关""闭门思过"等说法。其实，很多时候，只有独处，不被外界的人和事打扰，才有更多的时间和空间去做缜密的思考。独处的时候并非孤独，而是成长的最好时期。

在学历变成了敲门砖的当今社会，很多大学生在毕业前，忙着考证、考研、出国等。如今已经成为某公司区域负责人的王伊琳，给员工培训的时候总会说这么一段话："希望你们在公司能够学到自己需要的东西，找到自己最擅长的事务。空余的时间可以参与一些个人活动，比如一个人旅行，或者一个人冥想等。有时候，会得到意想不到的收获。"很多入职的年轻人并不明白这段话的意思。而之所以有这样的感悟，是因为王伊琳有一段特殊的成长经历。

大学期间，王伊琳和很多人一样，计划毕业之后继续读研。当时王伊琳正在申请英国一所高校的金融学硕士，但是母亲已经托关系为她找到了机关单位的职位。由于王伊琳还没有毕业，只能先实习，待毕业之后再签正式合同。

王伊琳无法忤逆母亲的意思，但也不想放弃自己的梦想。于是，在同学都埋头准备读研的时候，王伊琳每天5点多起床温习雅思考试的材料，然后挤一个小时的地铁去上班，下班之后回到宿舍，继续温习专业课的书目。在这个过程中，最难的就是一直保持自己对读研的渴望。机关单位的氛围原本就比较悠闲，很多和王伊琳同龄的女孩子，工作之余都在购物、安排旅游、谈恋爱，长期处在这样的氛围中，难免会有所动摇。不用去记难记的原理，不用再背诵难背的语法，不用再担心考试，很多人学生时代一直憧憬这样的自由的生活。

但身处考研大军中，却要时刻告诉自己，下班还要看书，还要强迫自己早起晚睡来赶上别人。那时，王伊琳选择的方式就是尽量保持一个人，无论如何，不会和同事一起乘地铁，哪怕同行的路程只有几站路。因为她需要这一段时间来调整自己，把自己从上班族的角色里拉出来，把自己从一天散漫的工作中调整过来。

无数次想过放弃，毕竟一个人坚持走这条路，实在太艰难。在情绪快要崩溃的时候，王伊琳就会去操场跑几圈，一边跑一边问自己，难道这样的生活就是自己想要的吗？考研本不是一件容易的事情，甚至不是努力就一定能够成功的，何况在工作的同时，还要申请国外名校的研究生。近一年的时间里，王伊琳都在这样的环境中挣扎。

终于收到心仪的大学的邮件时，王伊琳坐在办公室对着电脑，激动得又是哭又是笑。回忆起这一年走过的路，王伊琳特别感谢自己选择独自走这条路的决定。倘若每天下班都和同事一起走，说不定会被拉去吃饭、唱KTV等，一天的松懈可能会导致一个星期的松懈，然后导致脑子里绷紧的那根弦彻底断裂。

临近毕业的时候，学校里基本呈现两个派别，工作派的同学每天忙于找工作、拿录用通知书，升学派的同学每天从早到晚泡在图书馆里复习，每个人都有一个简单的目标，在不受影响的情况下，做自己想做的事情。

只有王伊琳，一边实习一边复习，有时累到倒在床上就能睡着，闹钟要响三次才能醒来。但正是在这样的日子里，王伊琳紧紧抓住了自己想要的东西，最终如愿以偿。

很多人常说，夜深的时候，一个人才能想明白很多事情。而其实，这样的过程与白天或者黑夜无关，之所以总是在黑夜的时候才能进行有效的思考，是因为黑夜带给我们静谧，让我们远离了嘈杂的环境，远离了人群，远离了各种诱惑。此时，我们才能真正地看清楚自己，才能静下心来回望过去，思考未来。

孤独是一味苦口的良药。每天面对复杂的社会，汹涌的人群，必然容易被环境同化，甚至迷惑，看不清自己要走的路，想不明白自己想要的东西。比如，非常想去一个地方旅行，心心念念了很久，终于制订计划，决定几个月不乱消费，存钱去那儿走走看看。

奈何同事总是约你聚会，朋友总是约你逛街，几个月又几个月，却从来没有实现过自己很久之前的计划。很多人的失败，都源于此，面对这世界的诱惑，太容易动摇。因此，我们都要学会独处，学会寂寞，要明白很多路途，只有一个人走，才能走到底。

没有人会热闹一辈子

歌唱团体"五月天"在歌里唱道"世界纷纷扰扰喧喧闹闹什么是真实，为你跌跌撞撞傻傻笑笑买一杯果汁"。很多人都想活在自己的乌托邦里，热闹开心地生活一辈子。然而现实是，乌托邦根本不存在，老友也会有散场的一天。最终每个人都有自己的人生，时常孤寂，偶尔热闹，这是常态。

很多人年轻的时候，总会有这样的误区，觉得年轻就是资本，就应该四处闯荡，结交五湖四海的朋友，把生活过得越浪荡、越热闹越好。而生活从来不具备热闹这个属性，生活的本质是在平淡和孤寂中找到持久的快乐。小时候我们离不开父母，甚至连独自睡在一个房间都会害怕，伴随着年纪增长，我们想要离开家乡，去远方闯荡，过属于自己的生活。

人生总是这样，没有完全的陪伴也没有长久的同伴，最终我们都会在自己选择的路上一个人慢慢跋涉。很多人选择用悲观的眼光看待这个事实，甚至逃避这样的现实。而实际上，这样的生活模式都是大多数人的常态。我们只需要放弃不切实际的追求，就能够把平淡的生活过出自己的风格。

M是一家互联网公司的普通职员，天资聪颖、性格开朗，深得上司的喜爱，在所有同职位的员工里，M的薪资是最高的。工作上，M一丝不苟，能够举一反三。下班之后，她或是去游泳，或是去健身，或是去图书馆看书，或是回家看一部想看的电影。拉伸、瑜伽和护肤是 M 每天睡前都会做的事情，不仅如此，M 每晚还会花上半个小时的时间练习口语。和很多年轻人一样，M 也是远离家乡，独自在陌生的城市打拼的漂泊者。周末的时候，M 会去英语培训机构做兼职，教初中生英语。

走在大街上，M 就是一个清瘦、穿着干净的普通姑娘，甚至看一眼就会被遗忘。她的生活似乎也没有多么绚烂有趣。正是这样一个普通的姑娘，却用短短的时间超越了很多同龄人。到底是哪里不同呢？实际上，M 的生活确实普通，但却和大部分年轻人不同。大部分人完全没有计划自己的生活，起床—上班—下班—娱乐—睡觉，每天如一日地生活在这样的模式下，除了眼角和额头出现了鱼尾纹之外，没有任何不同。而 M 把自己喜欢的想做的事情，分散开来，安排得井井有条，一年的时间里，M 读了很多书，看了很多电影，适量的运动优化了身体的曲线，同时还靠兼职挣的钱每年和家人出去旅游一次。

如此对比之后，很多人才恍然大悟，结果的迥然不同早已经体现在每一天的不同里。如此丰富的生活，M 都是一个人完成的，没有因为一个人太孤单而放弃。不是我们没有安排自己生活的能力，也不是我们没有去坚持这样丰富生活的毅力，而是我们太怕孤单。想到要做一件事的同时就会去思考要和谁一起做，这样的逻辑似乎已经根深蒂固地刻在很多人的脑子里。

读重点中学，父母就在学校门口租房子陪同；二十多岁的年轻人，去面试工作，要父母陪同；已婚的人，需要父母同往来照顾自己的饮食起居等，这样的事情时常被报道。似乎很多人不愿意接受独自面对这个世界的事实，于是不断地结伴同行。但是终究我们都是不同的个体，没有两个人会有完全一样的人生轨迹，于是必然会有分道扬镳的一天。

热闹和孤寂是一对相悖的词语，没有人能够热闹一辈子。孤寂和平淡是生活的常态，而热闹只是偶尔的狂欢，有就好，何必强求。一个人独当一面，不是孤独，而是成熟。一个人能够独立处理事务，不是逞强，而是能力。一个人能够照顾好自己，同时施予他人最大的善意，不是可怜，而是可敬。

学会孤寂，学会一个人面对生活，面对工作，面对未知的人生。因为总会有落单的时候，而生活时常会让我们落单。毕竟很多事情和人都只会在特定的时间出现，生命里的大部分时间，我们能够依靠的只有自己。孤寂不是生活用来折磨我们的工具，相反，孤寂是生活给我们的良药，让我们放弃对不存在的永恒热闹的追求。

没有谁能够热闹一辈子，没有谁能够靠他人的陪伴安然走过所有的坎坷，享受每一次独自处理事务、独自解决问题、靠自己的力量获得自己想要的事物的时刻，这些才是使我们满心欢喜、热血沸腾的人生热闹时刻。

让自己在孤寂中活得更精彩

人生里充满了分分合合，在这悲欢离合中，孤寂只是一种调味品。既然只是一种调味品，我们就应当将之调出最佳的口味，做出最可口的料理。就好像在料理中的酸、苦、辣，任何一种滋味单独拿出来，似乎都会让人难受，但只要经过合适的调理，它们就会刺激我们的味觉细胞，给我们独特的享受。

　　在漫长的人生中，总是会有一些时光需要我们独自走过，我们不可能时时拥有他人的陪伴。在孤寂的日子里，为何我们不能将之调出美味，让自己活得更精彩呢？

　　陈钦来自安徽的一个三线城市，考入了苏北的一所三流本科院校，在毕业之后，他毅然选择到深圳闯荡，想要进入 IT 行业。然而他问遍四周，没有人愿意和他去深圳闯荡。

　　毕竟，对于很多人而言，这样的家庭背景，这样的大学文凭，与其出去闯荡，不如回家工作更加安逸。当然，他也有同样致力于闯出自己的一片天的伙伴，但他们的目的地却在于北京、上海，而非距离更远的深圳。

　　于是，陈钦只好独自踏上征程。在深圳的生活，不出意料，十分困难，收入微薄的陈钦只能住在一间狭小的出租房内，每天独自上班，受到的苦与累，在下班之后，也只有自己品味。

　　在最初的那半年间，陈钦也会感到后悔：为什么自己要坚持来到深圳？纵使要闯荡，为何不与同伴一起？但渐渐地，陈钦也感受到了孤寂的别样风味。

　　在过去二十多年的人生中，陈钦从未感觉到如此自由，在业余时间，陈钦可以做自己想做的一切：坐在窗边静静地阅读，这在大学宿舍几乎不可能；把房间布置成自己喜欢的模样，这在家里毫无可行性……

　　当陈钦开始重新看待这一切时，一切都变了模样。一个人看电影、一个人逛街、一个人……这些都有独特的风味，并非自己曾以为的那般难熬。因为此时，陈钦终于成为一个独立的人，他可以做自己想做的一切，可以独立摸索出自己的道路。也正是在这样的摸索中，陈钦在五年之后，才会成为亲朋眼中的"人生赢家"。

　　我们无须执着于"需要人陪"，作为一种社会动物，我们都有着这样的需求，但我们却可以在孤寂中，塑造专属于我们的独立空间，也只有在这样的空间里，我们才可以真正地看清自己的人生。

　　也只有在这样的空间里，我们才能坚定地行走在自己的世界里，而非总是在他人的世界里徘徊。在谨守本心中，我们既可以在生活中扮演不同的角色，也可以退到孤寂中，享受属于自己的时光。

　　生命的宽广，足够我们去享受有人陪的生活，小时候我们离不开父母，大学有室友相伴，以后会有配偶孩子，如果我们的人生将由大半在别人的陪伴中度过，我们为何不能享受难得的孤寂时光呢？

　　我们活着，从来不是为了别人而活。既然如此，为何我们要将独处的孤寂时光，看作人生中最难熬的灰色？难道我们没有人陪，就无法活出精彩的人生吗？

　　在我们的人生中，我们切忌活成平面，因为平面的人生太单薄，当我们依靠的人事物倒塌，我们的人生也会随之崩塌。很多人甚至因为一次失恋而轻生，正是因为他们的人生如纸薄，他们认为只有与爱人在一起才会快乐，却忽视了自己创造精彩的能力。

　　我们一定要努力让自己的人生变得立体，立体的人生并非摒弃对他人的需要，只是我们要明白依靠与依赖的区别。我们可以依靠我们信任、热爱的人事物，但不要过于依赖。

　　"孤寂"这个词究竟应该如何解释？它并非孤独寂寞，而是孤单、寂静。在远离喧嚣的孤单生活中，我们才能静下心来，寻找人生的专属立足点，这个立足点不在于家人，不在于朋友，不在于爱人，只在于我们自己。

立体的人生就好像一个水杯，当我们找到真正的人生立足点，我们就可以获得"稳稳的幸福"，但一旦这个立足点变歪，水杯也会因此倾斜，甚至完全倒掉。

当我们找到自己的专属立足点，我们对于人生的看法也完全不同，我们的人生无须依赖于任何人，我们可以自行点亮自己的人生；而在与亲朋好友的相处中，我们也能散发出属于自己的独特光辉。因此，在难得的孤寂中，让我们活出自己的精彩吧！

在孤独中韬光养晦

对于一个胸有大志，有梦想且有着强烈实现它的渴望的人，有时候选择低调，守住一份孤独，是通往成功的另一种方式，我们可以称之为韬光养晦。当你能够让自己获得更多的进步时，你会发现自己的成功很大程度上得益于当初的孤独，或者说在很多时候你会发现，自己之所以孤独是因为需要独处的时光，让自己清醒，让自己拥有更多的认识。

虽然贵为华人巨富，李嘉诚却过着很简朴的生活。他 11 岁就来到香港谋生，一路上都是一个在奋斗。

李嘉诚的办公室内摆设十分简单，除了一望无际的维多利亚港海景外，最惹眼的，莫过于清代儒将左宗棠题于江苏无锡梅园的诗句："发上等愿，结中等缘，享下等福；择高处立，寻平处住，向宽处行。"这 24 个字，凝聚着深刻的人生哲理，而李嘉诚则将其视为自己的人生信条。

"孤独感是他最好的朋友，也是他最自然的常态。"一位熟知李嘉诚的高层如此评价道。在她看来，经历过少年磨难的李嘉诚，早已习惯了孤独的感觉。

回忆早年的苦学生涯，李嘉诚说："别人是自学，我是'抢学问'，抢时间自学。一本旧《辞海》，一本教师版的教科书，自己自修。"

这是一个孤独之旅，命运剥夺他的，李嘉诚要靠自己抢回来。没有学历、人际关系、资金，想出人头地，自学是他唯一的武器。

李嘉诚自律惊人，除了《三国志》与《水浒传》，他不看小说，不看"没有用"的书。捡起教科书，李嘉诚时而扮演学生，时而扮演老师，摸索教学和出题的逻辑，寻找每个篇章的关键词句，模拟师生对话，自问自答。

孤独是他的能量，也是他的朋友。独处时，他的脑海会做思想的挣扎，会不断自己抛问题、自己回答。李嘉诚的一位友人说："他现在的习惯，就是来自于此。"

在创办长江塑料厂时，李嘉诚开始订阅英文《当代塑料》及其他西方的塑料杂志。与此同时，李嘉诚开始将部分资金投入华尔街上市公司股票，李嘉诚从不凭直觉投资，而是仔细研读公司财报，研究商业规则。《华尔街财报》是李嘉诚的英文老师、商业教练，也是他的私人投资获利来源。

几十年的磨炼，李嘉诚早已学会了和孤独相处，所以，登上人生的高峰之后，少有高处不胜寒之感。

很多时候，我们看到的只是别人收获成功的一刻，似乎很多人都是一夜成名、一夜暴富。然而，当你真正了解那个人的时候，你才会发现，在功成名就之前，他们是怎样孜孜不倦地追求过、付出过、努力过。付出之后你才会感觉到生活的快乐，因此，如果你敢于付出，那么你就会在孤独中得到精神的升华。所以当你无法摆脱眼前的困境时，你不如孤独地思考，当你能够认真思考自己人生的时候，或许会发现成功真的并不是一件难事。

韬光养晦是孤独的，没有人知道你的鸿鹄之志，没有人理解你的低调。然而，在一些不利的条件下，韬光养晦反而是一种更好的策略。孤独拥有一种冲击力，如果你足够坚强，那么你就不会被摧垮；相反，你还会因为自己的成功或者是自己的坚强而获得更多的机会。

享受自己的安然

谁不喜欢繁华的人生呢？看着电影里的灯红酒绿，看着八卦新闻里的挥金如土，再看看面前的外卖便当，大概谁都会想象：如果自己也能过上那样的生活该多好啊！

在微博上、朋友圈里，我们能够看到太多的繁花似锦，看别人各地游玩，看别人秀恩爱，但我们能做的似乎只有默默地点赞。有时候也会疑惑：为何这种"平凡的繁华"，自己也难以享受呢？

西南小镇的一位女孩，念着这样的繁华，只身来到上海。这位女孩有着一个平凡的名字——张蕊。转眼五个多月过去，她已不记得来时的模样，只记得当初的青涩。

从外表来看，如今的张蕊不再像小镇女孩那般青涩，而是有了都市女性的韵味。但这份艳丽的背后，却有着无法言说的辛苦。在这座繁华都市里，张蕊明白，自己也不过是个过客，她有时候也会想：这座城市怎么能够容下这么多的人、这么多的故事？而当这些人都散去之后，自己的内心是否还爱着这样的繁华？

前不久，家乡的一个闺密发来一张幸福的照片，下面写着一个简单的词：大婚。看着闺密甜美的笑颜，张蕊明白闺密是真的幸福，而自己仍在这座繁华的城市独自打拼。

这天，当她加班到凌晨，坐上清晨第一班地铁，张蕊第一次嗅到这座城市的清新气息，而不再是高峰期那样的繁忙、拥挤。坐在地铁上，她开始疑惑：自己究竟为何会来到这座城市？是因为内心的倔强与渴望，还是因为身处小镇的不甘？无论是因为什么，把自己弄得如此疲惫，真的是自己想要的幸福吗？

然而，既然做出了决定，来到了上海，张蕊自然不会轻易放弃，她只是希望自己以后可以不再妄言。除此之外，也不过一句感慨：繁华绽，时日过，回头望，也不过只是轻描淡写，道安然，愿安好。

每个人的人生都有着自己的幸福，当你羡慕别人的繁华艳丽时，你又如何知道，这份繁华的背后，有着怎样的辛酸与艰难？

正如人言："人生，无须繁华，时光安然而执着，脚步踏实而轻松，心静了，才能听见自己的声音；心清了，才能照见万物的实性。不甘放下的，往往不是值得珍惜的；汲汲追逐的，往往不是生命需要的。"

然而，哪个年轻人，没有一颗追逐繁华的心呢？在很多人看来，"甘于平凡"听起来更像是老成之谈，简单的四个字背后，大概也潜藏着一种"不甘"：不甘于繁华的短暂，不甘于追逐繁华的艰苦。

当我们真正开始追逐，有些人才发现，纵使身处繁华都市，我们过着的生活，并不如这座城市一般。北上广深让无数人趋之若鹜，但每年几百万人涌入，也有数百万人铩羽而归，还有数百万人在这里苦苦挣扎。

我们不是圣人，所以常走错路，其实，路没有错，错的只是我们的选择。繁华人人向往，却并非每个人都能接受其中的艰苦。他人的繁华，比不上自己的安然。追逐繁华本身没错，但切勿将他人的繁华作为自己的目标。否则，追逐繁华不会为你带来激情，而没有激情的追逐，最终也只会将自己折腾得灰头土脸。

若不能接受追逐繁华的挑战，不如归去，不如去享受小镇生活的安逸；若可以在艰难困阻中，充满激情，那么，享受这份激情、这份努力，让你的人生拥有一次绚烂的绽放。

张蕊离开西南小镇，来到上海，并非为了追逐他人的繁华，而是追逐自己的理想。看到家乡闺密的幸福，她由衷祝福，但却不会放弃自己的向往；想到上海奋斗的辛酸，她确实疲惫，但仍然坚持着自己的追逐。因为，她渴求的并非他人的繁华，而是另一种不同的人生，这种人生或许很累，或许最终同样落得曲终人散的结局，但她依然能够安然处之。

在这欲望滚滚的世界里，守护住自己的理想，让你的步伐跟随自己的理想，而非他人的繁华。若能够确认，不甘放下的，是值得珍惜的；汲汲追逐的，是生命需要的。那么，当别人步履蹒跚、愁眉不展时，我们依旧能够笑颜如花、坦然前行，久而久之，这就是我们自己的安然。

无论你从何地开始，重要的是，开始了就不要轻易停止；无论你在何时结束，关键在于，结束了就不要悔恨过去。时间让我们成长的同时，也会让我们明白：没有什么事情非你不可，也没有什么事物不可失云。

只有处于这样的安然中，我们才能真正享受这个世界。"万花丛中过，片叶不沾身"是一种境界，当我们明白我们欲望为何、为何追逐，就能沉浸在自身的安然中，而不受他人繁华的侵扰。

不艳羡他人的繁华，不贬低别人的平凡，安稳地过自己的生活，这才是安然的真谛——安宁地面对枯燥乏味，坦然地看待得失，每日安好。

第八章
守住自己的底线，不要活在别人的期待里

我们每个人都有自己做人做事的原则，都有自己做人做事的底线。在底线之上，我们可以退让，但一旦退至底线，我们就决不能再妥协。

只有成为自己，我们才能拥有自己的美好，而不用受限于别人的诉求；而要成为自己，就要守住我们的原则，站在底线之上，做出人生选择的最优解。

守住自己的内心

你的未来，只有你自己才知道。不要让别人左右了你的青春。想要成为一个真正有用的人，首先必须做个不盲从的人。一个人，只要认为自己的立场和观点正确，就要勇于坚持下去，而不必在乎别人如何去评价。

多年前，在日本福冈县立初中的一间教室里，美术老师正在组织一场绘画比赛，同学们都在认真地按照要求画画，只有一个小家伙缩在教室的最后一排。他实在不喜欢老师的命题，于是便信手涂鸦起来。

到了上交作业的时间了，老师看着一张张作品，不住地点头，他深为自己的教育成果感到满意，作品里已经有了学生们自己的领悟，可以说，是对日本传统画作的继承和发展。

但唯有一张画让他大跌眼镜，作者是个叫臼井的家伙。老师的目光从画作上移到了最后一排，接着看见这个有些另类却又有些特立独行的家伙冲着他冷笑。

他大声怒斥起来："臼井，你知道你画的是什么吗？简直是在糟蹋艺术。"

小家伙闻听此言，吓得将脑袋垂了下来，老师接下来让大家传看臼井的作品，他用红笔在作品的后面打了无数个叉，意思是说这部作品坏到了极点。

他画的是一幅漫画，一个小家伙，正站在地平线上撒尿，如此不合时宜，如此不伦不类。

这个名叫臼井的家伙一夜出了坏名，学生们都知道了关于他的"光荣事迹"。

这一度打消了他继续画画的积极性，他天生不喜欢那些中规中矩的传统作品，他喜欢信手胡来、一气呵成，让人看了有些不解，却又无法对他横加指责。

在老师的管制下，他开始沿着正统的道路发展，但他在这方面的悟性实在太差了。

期末考试时，他美术考了个倒数第一名，老师认为他拖了自己班的后腿，命令他的家长带着他离开学校。

他辍了学，连最起码的受教育的权利也被剥夺了，于是，他开始了流浪生涯，不喜欢被束缚的他整日里与苍山为伍，与地平线为伴，这更加剧了他的狂妄不羁。

那一年春天，杂志上发表了《不良百货商场》的漫画作品，里面的小人物不拘一格，让人忍俊不禁，看起来爱不释手。作品一上市，引起了强烈的反响，受到长久束缚的日本人在生活方式上得到了一次新的启发，他们喜欢这样的作品。

又一年，一部叫《蜡笔小新》的漫画风靡开来，漫画中的小新生性顽皮，做了许多孩子愿意却不敢做的事情，典型的无厘头却得到了意想不到的结果，被拍成动画片后，所有人都记住了小新。

臼井仪人，这个天生邪气逼人的漫画家，注定不会走传统的老路，如果他仍然沿着美术老师所指的方向发展，恐怕这世上不会有"蜡笔小新"的诞生。

一个人能认清自己的才能，找到自己的方向，已经不容易；

更不容易的是，能抗拒潮流的冲击。许多人仅仅为了某件事情时髦或流行，就随波逐流。忘记了自己的才干与兴趣，因此把自己的才干也付诸东流。所得只是一时的热闹，而失去了真正成功的机会。

我们不必藏在人群当中，不敢把自己的独特性表现出来；我们不必盲目顺从他人的思想，而是凡事有自己的观点与主张。坚持一项并不被人支持的原则，或不随便迁就一项普遍为他人支持的原则，固然不易，但是只要你做了，就一定会赢得别人的尊重，体现出自己的价值。

记住，务必要守住心门，守住你的内心，这才是你创造生活的源泉，是你取之不尽、用之不竭的宝库。

按自己的意愿做好每一件事

对于大多数人来说，生活是平凡而又单调的，但我们要在这平凡中创造出不平凡，在单调中发掘出不单调，这就需要我们去创新，在智慧的涌动中寻求生活的快乐和幸福。创造性活动不是科学家的专利，每个人都可以进行或大或小的创造性活动。创造性活动并非高不可攀，只要我们开动脑筋，改变事物固有的模式，推出令人耳目一新的东西，就是创造。

既然是创造，我们就尽量不要去模仿，虽然模仿是人类生存的本能，从出生的那一刻起我们都在模仿，但随着年龄的增长，我们都呈现出了自己的个性，这是一种必要的转变，如果说你的生命中只剩下模仿，就会彻彻底底失去了自我，所以在你迈出自己的脚步之前，先提醒自己一下：不要盲从！

水门事件以后，美国因石油危机带来的通货膨胀与经济衰退问题愈发严重，道琼斯指数跌到了惊人的 607 点，整个华尔街都紧张得透不过气来。可是，在全美股票市场不景气、众多投资者一筹莫展时，巴菲特却兴奋起来，不知疲倦地选择优秀企业的股票进行收购，很多公司被列到了他购进股票的名单。

当年，《福布斯》杂志对巴菲特做了专访。记者问他："您对当前股市有什么感想？"

巴菲特轻松地说："现在是该投资的时候了！"

"什么？现在吗？"记者吃惊地问。

"不错，现在是华尔街少有的几个时期之一：当别人害怕时，你要变得贪婪。"巴菲特再次重申了他多次提及的观点。

后来的结果证明了巴菲特的明智。当股市走过黑暗期开始升温时，巴菲特以前所购的股票价格一路飙升，他的个人财富的雪球也越滚越大，在《福布斯》"美国 400 首富排行榜"中名列第 82 位。

成功有时就站在反对意见的后面！当然，这并不是说，我们应该固执己见，丝毫不听别人的意见，但有一点可以肯定：无论成败，你都应该自己做决定，都应自己来承担结果，不必恐惧和犹豫，也不要抱怨和后悔。

我们需要独立的思维，思维不能独立，人生没有主见，那么事业与成功也就无从谈起。只有把别人的话当作参考，相信自己的判断，按着自己的主张走，一切才可处之泰然。

如果盲目地跟从他人，你只能看到人家的后背，既看不清脚下的路，也无法看清方向，更观赏不了远方的风景。我们只有挣脱束缚，用本性去思考问题，才能取得观念上的突破。

千万不要迷失了自我。一旦在盲从中失去了自我，那么，无论如何也是换不来成功的。所以希望大家能在做事情之前，冷静思考一下，按自己的意愿认真做好一件事情，比追随一百次的潮流更能获得生命的本质。

不让别人扰乱你前进的步伐

你以为以镜照人，就可以得到最真实的影像，殊不知镜子也不是绝对平整、绝对无尘的，若镜面不平，与照哈哈镜不过是程度上的区别而已；若镜面有尘，其真实的程度也会出现折扣。所以，不要以为镜子中的你就是真实的自己。

镜子不带任何感情色彩，都不能做出真实反映，何况是带有主观倾向的人？所以，别太在意别人对你的评价，因为没有谁会像你一样清楚和在乎自己的梦想，无论别人怎么看你，你决不能打乱自己的节奏。

保罗还在上小学的时候，别人就说他是一个笨孩子，老师也认为他根本不可能学到毕业。无形之中，他自己也接受了这些评价和看法，他因此感到很自卑，真把自己当成了一个笨孩子。辍学以后，他也一直做一些临时小工，因为他认为自己只配做这个。

但是，在他30岁的时候，一件意外的事情使他的生活发生了巨大的改变。他偶然去参加了一次智力测试，结果令他非常惊讶，他的智商竟然高达161分，这可是那些天才才拥有的智商啊！而在此之前，他竟然一直把自己当成智力低下的人，整天去干一些零碎的杂活。从那以后，保罗不再相信别人对他的那些错误性、限制性的评价了，他开始相信自己，努力奋斗。后来，他写出了好几本书，获得了几项专利，并且成为一个很成功的商人，还当选为国际智能组织的主席。

不要因为别人低估你、轻视你，你就随意轻贱自己，不要让别人的错误评价左右你的一生。揭掉别人为你贴的标签，找回真实的自己，你的人生一定会很精彩。

其实很多时候我们事业无成、内心焦虑，恰恰就是因为我们习惯于受到他人的影响，无论对错，所做一切只是为了让别人满意，结果别人满意了，我们却失意并焦虑了。别让任何人扰乱我们的心，阻挠我们前进的步伐。

我们虽然无法改变别人的看法，但可以做强自己，你生活得好了，别人自然高看你。每个人都有不同的想法，不可能强求统一，讨好每个人是愚蠢的，也是没有必要的。我们与其把精力花在一味地去献媚别人、顺从别人上，不如把主要精力放在踏踏实实做人、兢兢业业做事、刻苦认真学习上。对于我们来说，按照自己的意愿去生活比什么都重要，不要在乎别人的评论，做自己想做的事情，这是一个人成熟的标志。

假如说你只是一只风筝，会身不由己地随风飘荡；假如说你是断梗浮萍，便不得不顺水而动。可你是人，评价于你，顶多是清风拂耳，应该是风过而不留任何痕迹。

守住自己的原则

生活在这个世界中，我们总是要扮演各种各样的角色：在家里，我们是子女、夫妻、父母；在朋友圈中，我们是知己、朋友、玩伴；在职场，我们是员工、上司、同事……

　　我们辗转于各种角色之间，努力扮演好每个角色，然而，所谓"人生不如意者十之八九"，如果我们想让所有人都满意，那不如意的比例必然会升至"十之七八"。在生活中，当我们想扮演好所有角色时，唯一的结果，就只会是一个都做不好。

　　事实上，我们总是会发现，很多的角色属性之间都是矛盾的：好丈夫就得顾家，好员工则得以事业为重；好母亲要以子女为中心，就不能随时陪伴好知己……当我们夹在婆媳关系之间，当我们成为领导与基层的媒介，甚至于当我们处于两个朋友之间，我们想着两头讨好，却最终"两头不是人"。

　　其实，我们要做的，只是扮演好真正的自己，而不是他人眼中的自己。一千个人眼中，有一千个哈姆雷特，这一千个哈姆雷特也必然有好有坏。因此，与其纠结他人眼中的自己是否足够完美，不如守住自己，让自己成为一个独特的人。而要守住自己，我们就要守住原则。

　　然而，在现实生活中，又有多少人能够守住原则呢？更多的人，为了别人的眼光，或是因为所谓"少数服从多数"，或是害怕成为"被枪打的出头鸟"，而放弃原则，选择从众。

　　守住原则，很难。且当我们一次次放弃原则，最终我们会发现，我们失去了自我，完全成为一个为别人而活的人。很多人说，所谓的原则，就是用来放弃的，区别只在于代价多少而已。事实真的如此吗？

　　我们每个人都有自己的原则。都有自己做人做事的底线。在底线之上，我们可以退让，但一旦退至底线，我们就决不能再妥协。

　　刘玲在一家待遇不错的企业从事人事工作，尽心尽责。最近在和老板聊天时，老板暗示会让她填补人事总监的空缺。这一天，刘玲的一位老乡找到她，希望刘玲能够帮他找工作。这位老乡曾经也给过刘玲很多帮助，因此，刘玲就帮老乡找了好几个面试机会。

　　但几次面试下来，老乡和人事都很难"看对眼"，总有一方感到不满意。老乡就说道："我看你们公司挺好的，我干脆去你们公司工作吧。"刘玲想了想就答应了。

　　令刘玲没想到的是，这位老乡到了公司之后，仗着"上面有人"，每天上班总是会迟到个几分钟，上班时间也经常去茶水间偷懒，甚至有的时候找不到人。刘玲看到这样的情况，也不好意思说什么，甚至还会为老乡"打掩护"。但纸包不住火，最后这事被老板知道了，老板虽然没多说什么，但却也不再看重刘玲。最终，刘玲主动辞职，离开了这家公司。

　　刘玲只是帮助了老乡，为何会换来这样的结局？很简单，就是因为她没有守住自己的原则。

　　在力所能及的范围内，帮助他人无可厚非。然而，作为一名人事，在涉及到工作范畴时，就应当谨守职业道德，刘玲可以为老乡介绍工作，或让老乡按照正常流程面试进入公司，却不能直接给他"开后门"。

　　这样的做法，虽然让刘玲获得了老乡的感激、家人的夸赞，但却最终让她失去了大好的前程。

　　在现实生活中，之所以很多人会轻易放弃原则，其实是因为，在这个欲望滚滚的世界里，他们根本无法明确自己的目标。他们自然也就无法从完成目标中获得精神满足。

只有成为自己，我们才能拥有自己的美好，而不用受限于别人的诉求；而要成为自己，就要守住我们的原则，站在底线之上，做出人生选择的最优解。

走自己想要走的路

别人说你应该找份稳定的工作，于是，毕业之后，你与千万人一起，加入考研、公务员的大军；别人说你应该拥有自己的房子，于是，工作两年，你就背上了房贷，在稳定而枯燥的工作中，成为"房奴"；别人说你到了结婚生子的年纪，于是，不过三十，你就成为家长，在而立之年，开始重复别人的生活；然而，究竟为什么你应该过这样的生活？别人给你的答案大概也只有一个：因为大家都是这样的啊！

但你是否曾经疑惑过：为什么独一无二的自己，要过跟别人雷同的生活？人活一世，为什么不能活出自己？毕业、工作、买房、结婚、生子、变老……这或许是人生必须经历的阶段，但为什么要跟随别人的节奏？

毕业之后的你，为什么不能尝试各种工作，找到真正适合自己的工作？

工作之后的你，为什么不能努力发展事业，为何非要早早背上房产、家庭？

我们应该有自己的生活，这样的生活不在于别人怎么说、怎么过，只在于我们自己怎么想。因为我们是独一无二的，我们只需要做独一无二的自己，如果我们的生活与谁雷同，那不是因为我们应该如此，只是因为，我们确实想要如此。

生活就像一列火车，每天不断地前行，我们会看到阳光普照，也会遭遇狂风暴雨，而这才是真正的人生。如果我们只是在别人既定的轨道上运行，或许很平稳，但却很难看到属于自己的美景。

我们究竟应该如何活出独一无二的自己？

首先，我们要勇敢地尝试。人生总是在不断地试错，就好像各种菜肴，只有在尝试之后，我们才能发现自己爱吃的。一颗榴梿摆在面前，有的人避之不及，有的人却赞其为"水果之王"，如果不尝试，我们怎么能知道它的滋味？

当我们选择了某个方向前行之后，就应该勇敢地前行，这样的道路可能有无数先行者走过，也可能要独自成为首位开拓者。但无论如何，在自己选择的道路上，不要因为几次挫败，就忘记当初的决定。除非真的发现后面无路可走，否则，你都应当走下去。

其次，我们要从心底少点依赖。依赖他人是一种十分舒适的体验。因为生活中的决定，都有人帮忙策划；因为前行中的挫败，都有人给予安慰；甚至当想要放弃时，会有人说："没关系，你歇会儿，我带着你走。"

然而，这样的依赖带来的并非真正的安全感，相反，在完全的依赖当中，我们的安全感也掌控在他人的手中，一旦没人可以依赖，我们的人生将会陷入灰暗。更何况，我们所依赖的人，是否真的能够带领我们获得幸福呢？或许，这样的依赖，只是让我们重复被依赖者的人生，而这真的是我们想要的吗？

我们要明白，没有人会陪伴自己一生。人生就像一个剧场，而我们自己就是这个剧场唯一的导演，我们决定谁能上台，又决定谁将离场，有些人最终成为主角，而有些人则只是龙套……

在这场由我们自己决定的戏剧中，为什么要演绎出跟别人雷同的故事？抄袭的戏剧不会成功，重复的故事让人腻烦，我们的戏剧，当然要成为独一无二的。这场戏无须多少人欣赏，只需我们自己认可就好。

没有人会比你更美好。看别人的光鲜亮丽，看别人的辛苦疲惫，看别人的舒适安逸，但在这表象之后，"如鱼饮水冷暖自知"。光鲜亮丽的人，或许厌烦于形象维护，想要邋遢；辛苦疲惫的人，却可能家庭美满、甘之如饴；舒适安逸的人，说不定有颗躁动不安的心……活出独一无二的自己，获得我们自己的幸福，没有人会比你更美好。

有人会疑惑：人类历史浩浩荡荡五千年，如何保证自己的道路是独一无二的？其实，做独一无二的自己，从来不是要走独一无二的道路，而是走在自己想要的道路上。

自己究竟想要什么？这就需要弄清方向、不断试错，如果在毕业之初的三五年，能够找出确定的方向，那我们的人生就很有可能变成独一无二。相反地，如果毕业之初，我们就跟风他人，或许一生结束，我们也只是实现了人的生存目标，而生活享受，大概是没有的。

当然，人生需要吸取前人的经验，但却并非盲目模仿，更不是东施效颦、邯郸学步……盲目地模仿，结果却只会适得其反。

简单来说：多数人想要实现财富自由，看到别人不断进行投资组合，工作完全因为兴趣，生活轻松惬意。于是，有些人也完全按照兴趣寻找工作，也想财富自由。

然而，我们却可能忽视了，在财富自由之前首先是财务自由，只有经过最初的"资本原始积累"，我们才有可能获得足够的资产性收入，也只有此时，我们才有可能享受财富自由的人生。而当我们本末倒置时，直接模仿财富自由的人生时，我们的人生从一开始就可能陷入困境。因为缺乏"资本积累"的我们，不可能随心所欲；而缺乏"经验积累"的我们，甚至难以确定自己的"所欲"。

我们每个人都是独一无二的，在人生道路上，我们可以借鉴、学习，逐渐摸索出属于自己的道路，这样的人生或许会出现无法预计的困苦，但走完之后，我们可以骄傲地宣称：我活出了我自己，而不只是走完别人的道路。

活出自己的精彩

一旦你被他人的看法所左右时，其实，你就已经沦为他人看法的奴隶。人作为一种社会生物，没有人可以离开集体独自生活，因此，他人的看法也不可能忽视。确实，适当地听取他人的意见是必要的，但我们也要明白，重要的并非他人眼里你是谁，而是能否成为你自己。

只有当你不再以他人的看法为人生准则时，你才能自由地主宰自己的命运，最终活出自己的精彩。

当我们脱离集体独处时，或许在地铁上，或许周末在家。此时，离开了集体的喧闹，我们不妨静下心来，问问自己："我是谁？我想成为怎样的人？"找到自己的答案，听从自己的内心，然后，努力地去做吧。

不要因为别人的看法，而被动地选择你不喜欢的人生。难道他人觉得我们是个"随和"的人，我们就该不顾原则地言听计从？难道他人将我们看作权威或领导，我们就可以忽视别人的想法？

别人的看法，或许能够对我们的人生产生借鉴作用，但这说到底只是辅助，做决定的还是我们自己。

人生在世，我们只有这一次人生，为何我们不能追逐自己的梦想？为何我们不能做自己喜欢的事情？或许最终失败了，或许成功也"无意义"，然而，我们尝试了、努力了，甚至实现了自己的追求，这难道不就是人生的意义所在吗？

当我们走在属于自己的人生道路上，有的人会赞扬，我们表示感激；有的人会批评，我们理性看待；有的人会给予意见或建议，我们虚心接受……但是，我们的人生，不该由别人的看法来决定。那只是他们的看法，所谓"冷暖自知"，在自己的人生道路上，我们不因他人的赞扬而飘然，不因他人的批评而停步，更不应该因他人的意见而随意改变方向。只有如此，我们才能成为自己梦想和幸福的唯一主宰。

在听取他人的意见、明白他人的看法时，唯一重要的只是你自己的看法。

人活着从来不是为了他人，他人的看法是人生必然存在的纷纷扰扰，我们要做的是从中汲取能量，而非让他们耗费自己的能量。

毕竟，每个人的生命旅程都是唯一的，别人的人生道路，我们不随意评价，但也不要让别人影响自己。

在人生旅途中，未来永远充满着不确定。公务员或许稳定，但若国家政策改变呢？创业或许艰难，但谁又能说我们不会成为第二个马云？

他人的经历和看法，永远无法决定你的道路走向。只有亲身体验，自己走过，我们才能看到独一无二的风景。也只有在不断的尝试中，我们才能学会学习，学会思考，调整人生的方向，更加成熟稳重地前行。

人生需要试错，当我们无法确定下一步的走向时，学会独立思考，走自己的路，而不要让别人困扰我们。当我们因为他人的意见而迷茫时，聆听自己内心的想法。

乔布斯曾经说过："不要让别人的议论淹没你内心的声音、你的想法和你的直觉。因为他们已经知道你的梦想，别的一切都是次要的。"

人生苦短，经不起等待。如果我们陷在他人的看法之中，我们就永远难以发现自己的追求。

不要再浪费时间了！人生短短几十年，找到自己的人生目标，果断地前行吧！

活出自己的人生

活在别人的价值观里就会变得虚荣，因为太在意别人的看法就会失去自我。其实每个人都应当为自己而活，追求自我价值的实现以及自我的珍惜。

我们的成功是我们亲手创造的，别人的路不一定适合我们，不要盲目崇拜任何人。你是上帝的原创，不是任何人的附属品，所以在你有限的时间里，活出自己的人生，这才是成功。

有这样一个故事，或许能够让你明白活着的价值：

第八章　守住自己的底线，不要活在别人的期待里

珍妮正在弹钢琴，7 岁的儿子走了进来。他听了一会儿说："妈，你弹得不怎么好吧？"

不错，是不怎么好。任何认真学琴的人听到她的演奏都会退避三舍，不过珍妮并不在乎。多年来珍妮一直这样弹，弹得很高兴。

珍妮也喜欢歌唱和绘画。从前还自得其乐于不高明的缝纫，后来做久了终于做得不错。珍妮在这些方面的能力不强，但她不以为然，因为她不愿意活在别人的价值观里。

"啊，你开始织毛衣了。"一位朋友对珍妮说，"让我来教你用卷线织法和立体织法来织一件别致的开襟毛衣，织出 12 只小鹿在襟前跳跃的图案。我给女儿织过这样一件。毛线是我自己染的。"珍妮心想：我为什么要找这么多麻烦？做这件事只不过是为了使自己感到快乐，并不是要给别人看以取悦别人的。直到那时为止，珍妮看着自己正在编织的黄色围巾每星期加长 5～6 厘米时，还是自得其乐。

从珍妮的经历中不难看出，她生活得很幸福，而这种幸福的获得正在于：她做到了不为向别人证明自己是优秀的，而有意识地去索取别人的认可。改变自己一向坚持的立场去追求别人的认可并不能获得真正的幸福，这样一个简单的道理却并非人人都按照这个道理去生活。因为有些人总是认为，那种成功者所享受到的幸福就在于他们得到了这个世界大多数人的认可。

其实，获得幸福的最有效方式就是不为别人而活，不让别人的价值观影响自己。

我们人生的时间有限，不要被教条所限，不要活在别人的观念里，不要让别人的意见左右自己内心的声音。最重要的是，勇

敢地去追随自己的心灵和直觉，只有自己的心灵和直觉才知道你自己的真实想法，我们无法改变别人的看法，能改变的仅仅是我们自己。

坚守做人的原则

不能坚持自己原则的人，就好像墙上的无根草，随风飘摆不定，找不到自己的方向。这样的人，是得不到别人信任的，更谈不上成功。所以不要为了谋取小功小利而不择手段，甚至放弃自己的原则。

国外某城市公开招聘市长助理，要求必须是男人。

经过多番角逐，一部分人获得了参加最后一项"特殊的考试"的权利，这也是最关键的一项。那天，他们集合在市府大楼前，轮流去办公室应考，这最后一关的考官就是市长本人。

第一个男人进来，市长带他来到一个特建的房间，房间的地板上撒满了碎玻璃，尖锐锋利，望之令人心惊胆战。市长以威严的口气说道："脱下你的鞋子！将桌子上的一份登记表取出来，填好交给我！"男人毫不犹豫地将鞋子脱掉，踩着尖锐的碎玻璃取出登记表，并填好交给市长。他强忍着钻心的痛，依然镇定自若，表情泰然，静静地望着市长。市长指着大厅淡淡地说："你可以去那里等候了。"男人非常激动。

市长带着第二个男人来到另一间特建的房间，房间的门紧紧关着。市长冷冷地说："里边有一张桌子，桌子上有一张登记表，你进去将表取出来填好交给我！"男人推门，门是锁着的。"用脑袋把门撞开！"市长命令道。男人不由分说，低头便撞，一下、两下、三下……头破血流，门终于开了。男人取出登记表认真填好，交给了市长。市长说道："你可以去大厅等候了。"男人非常高兴。

就这样，一个接一个，那些身强体壮的男人都用意志和勇气证明了自己。市长表情有些凝重，他带最后一个男人来到特建的房间，市长指着房间内一个瘦弱老人对男人说："他手里有一张登记表，去把它拿过来，填好交给我！不过他不会轻易给你的，你必须用铁拳将他打倒……"男人严肃的目光射向市长："为什么？""不为什么，这是命令！""你简直是个疯子，我凭什么打人家？何况他是个老人！"

男人气愤地转身就走，却被市长叫住。市长将所有应考者集中在一起，告诉他们，只有最后一个男人过关了。

当那些伤筋动骨的人发现过关者竟然没有一点伤时，都惊愕地张大了嘴巴，纷纷表示不满。

市长说："你们都不是真正的男人。"

"为什么？"众人异口同声。

市长语重心长地说道："真正的男人懂得反抗，是敢于为正义和真理献身的人，他不会唯命是从，做出没有道理的牺牲。"

我们是不是应该从中感悟到点什么？人的成功离不开交往，交往离不开原则。只有坚持原则的人，才能赢得良好的声誉，他人也愿意与你建立长期稳定的交往。坚持原则还使人们拥有了正直和正义的力量。这使你有能力去坚持你认为是正确的东西，在需要的时候义无反顾，并能公开反对你确认是错误的东西。

坚持原则还会给我们带来许多，诸如友谊、信任、钦佩和尊重等。人类之所以充满希望，其原因之一就在于人们似乎对原则具有一种近于本能的识别能力，而且不可抗拒地被它所吸引。

几乎任何一件有价值的事，都包含着它自身不容违背的内涵，这些将使你成功做人，并以自己坚持原则为骄傲。每个人都应该这样：保持本色，坚守做人的原则，不忘我们做人之根本。这是我们在这个世上立足立身之基础所在。

第九章
不要惧怕黑夜，只要勇敢一定能迎来曙光

人生的道路上，不要惧怕黑夜，因为，黑夜再长，黎明总会到来；寒冬再长，迎春花也会发芽。黑夜终将过去，但如果你不勇敢，没人会替你坚强，只有在你的勇敢努力中，才能迎来曙光。

你要懂得，没有人替你勇敢，没人可以一辈子为你而活，所以要自已学会坚强。人的一生难免会遇到很多的苦难，无论是与生俱来的残缺，还是惨遭生活的不幸，但只要敢于面对苦难，自强不息，就一定会赢得掌声，赢得成功，赢得幸福，赢得光荣！

勇于尝试才可能成功

人拥有无限的创造力，也拥有无限的创造才能。而这些创造的最初都是始于尝试，因为有了尝试，才有了今天这么多辉煌的发明创造。只有勇于尝试，我们才能看到事情的结果，才能根据这个结果不断做出新的尝试，直到成功。但是如果一直停留在理论阶段，那么梦想就永远只能是空想，是不会有实现的那一天的。

其实我们现实生活中的很多障碍，都是自己在无形中设置的。一条小河，你不敢过，因为你觉得它深不可测；研讨会上，你不敢发表意见，因为你觉得自己不够资格；遇到机会，你又被眼前的困难绊住了手脚，最终没能抓住……但是只要勇敢尝试你会发现，小河其实没有那么深，只是刚到膝盖而已；教授也不会因为你还年轻就否定你的意见；抓住机会，你成功的概率又大了几成……很多事情并没有我们想象的那么可怕，只要勇敢尝试，就会有不一样的结果。

相传，番茄的原产地是在秘鲁和墨西哥，它本来只是一种生长在森林里的野生浆果，因为当地人都说它是有毒的果子，所以大家称之为"狼桃"。除了用来观赏，没人敢吃。

据史书记载，当时南美洲正好有个英国来的名叫俄罗达里的公爵在此游历，他第一次见到番茄，便被它的艳丽色彩深深地吸引了。回国的时候，便带了几颗。回到英国，番茄被他作为稀世珍品，献给了他的情人伊丽莎白女王，以显示他对爱情的忠贞。这之后，番茄便有了"爱情果"的美名。

但是番茄真正走入千家万户，成为餐桌上的美味，却是在很久之后。直到 18 世纪，才有人勇敢地以身涉险吃了番茄，然后知道了它的食用价值。相传，第一位吃番茄的人是一位法国画家，他看番茄长得如此诱人，便产生了尝尝它的想法。于是他冒着可能中毒致死的危险，鼓起勇气吃下了一个。吃完之后他便穿好衣服躺在床上等待"死神"的降临，然而时间过去了很久，他也没有感到身体有任何不舒服，便干脆放开胆子，继续吃了几个，当然也没有什么事，只觉得有一种酸甜的味道，身体依旧安然无恙。

人的潜力是无限的，只要你肯努力，敢于尝试，就有成功的希望。害怕危险，不敢往前走的人，只能停留在原地，勇于开路的人，永远都是走在最前面的人。虽然尝试并不等于成功在握，但是不敢尝试或不去尝试就一定不能成功。因为无论多大的成功，它都是踩在一块叫试一试的跳板上开始的。

一个人一生如果一次也没有跌倒，算不上什么荣耀；只有每次跌倒以后，都能勇敢地站起来，继续尝试，才是最大的荣耀。面对困难，我们首先要去除的应该是做不到的心理障碍，然后再想办法把困难解决。一个人如果因为不能承受失败的痛苦，连尝试的勇气都没有，那么永远也无法享受到成功的喜悦。所以任何事情、任何困难，只有勇于尝试，积极面对，才会迎刃而解。

不要犹豫不决

一个调查报告的数据显示，通过对 2500 名不同职业的人的跟踪调查，"迟疑不决"位居失败原因的榜首。同样在另一份对数百位百万富翁进行调查的报告中显示，百分之百的富翁都能果断行事，而且就算他们曾打算改变初衷，他们也绝不会草率做决定的。大多数人都有迟疑不决的毛病，尤其是在面对机遇和人生转折点的时候，就算最后终于下定了决心，也是推三阻四，瞻前顾后，一点也不干脆果断，而是习惯于朝令夕改、一夕数变。

当今社会，日新月异，竞争激烈，在你争我夺的竞争中，谁能在第一时间做出反应，谁就能抢占先机。一个决定的做出，也许就只是短短的几分钟时间，但是一旦抓住了这短短几分钟的时间，果断地做出决定，你得到的将是很大的成效；相反，如果不能好好把握这几分钟，错过做最佳决策的时间，最后的损失也会让你心痛一生。

A城一家已经有着三十多年历史的塑料厂在上个月末宣布破产，同城的另一家刚刚起步，这家新的塑料厂想买下破产了的塑料厂的厂房和里面剩余的材料和机器，现成的厂房和机器对这家新塑料厂来说简直是如虎添翼，于是该厂派了一位特派员去找相关的负责人商讨收购事宜，双方洽谈还算愉快，但是因为数额巨大，特派员拿不定最后的主意，便与对方商议回去找厂长商量之后，明天再给答复。

特派员回去后，厂里的领导迅速开会进行商讨，立刻拍板决定马上购买那家塑料厂的全部设备和所有厂房。但是就在他们出发准备和对方签订最后的购买合同时，对方的厂长发来消息，说邻市的一家塑料厂已经抢先一步和他们签订了购买合同，合同上规定，邻市的塑料厂必须在规定付款日期（本月末）之前付完全款，如果超期，则合同失效。

对这家新塑料厂来说，事情来得有点措手不及，但是该厂负责人迅速冷静下来，分析了一下当前的形势。负责人说尽管邻市的合同比自己早了一步，但是只要还没有付款，那他们就还有一线机会，所以现在还不是放弃的时候。于是仍旧派人准备了足够的资金，随时待命。到了月末的时候，邻市的塑料厂果然没有付完全款，因为他们还不能完全肯定这家破产塑料厂的价值，所以想要延期几天，因为数额较大，这个请求并没有被驳回。不过有一个特殊的情况就是，按照债权委员会的规定，破产的塑料厂必须在下个月 5 日之前出售完毕，否则将分散进行拍卖，而这显然是负责人不愿看到的。于是三家塑料厂的负责人坐到了一张谈判桌上，最终新开的这家塑料厂果断出手，在邻市的塑料厂还在犹豫的时候，签订合同，付了全款。事实证明这个负责人的决策是对的，因为有了完善的设备和配套的厂房，他们厂的业绩大大提高，生产值跃居全省第三，把邻市的塑料厂远远地甩在了后面。

也许你会说邻市的塑料厂的负责人也没有错，这么大的风险，当然应该好好估量。但是没有事情是没有风险的，风险与机遇并存，如果所有的事情都等你算好了得失，再来做决定，那么黄花菜都凉了。尤其是生意场上，竞争如此激烈，如果不能果断做出决定，注定是要被淘汰出局的。

抢先下手是所有生意人都要遵守的要则，人生又何尝不是呢。综观历史上的成功者，无一不具有这样的风范。其实生活中很多失败的人，就是输在了犹豫不决和瞻前顾后上。想成大事，你就该明白，风险是一定有的，如果没有勇气，因为不敢承担风险而不能果断出手，那就只能被人抢占先机，眼睁睁地看着机会溜走了。

要想成功，就得有抵抗风险的觉悟，如果事到临头了，才发现事情很难而优柔寡断，那么事后追悔莫及就是肯定的了。记住，要想成大事，一定要学会"该出手时就出手"。

跌倒了要自己爬起来

这个世界上没有谁是你真正的靠山，你真正可以依靠的只能是你自己，当人生遭逢苦难之时，不要一心只想着去找"救命稻草"，你应该静下心来问问自己："我能做什么？"你的未来，需要你自己去努力。

有个中国大学生，以非常优异的成绩考入了加拿大一所著名学府。初来乍到的他因为人地两疏，再加上沟通存在一定障碍、饮食又不习惯等原因，思乡之情越发浓重，没过多久就病倒了。为了治病，他几乎花光了父母给自己寄来的钱，生活渐渐陷入困境。

病好以后，留学生来到当地一家中国餐馆打工，老板答应给他每小时 10 加元的报酬。但是，还没干一个星期他就受不了了，在国内，他可从来没做过这么"辛苦"的工作，他扛不住了，于是辞了工作。后来，他依靠父母的资助，勉勉强强坚持了一个学期，此时他身上的钱已经所剩无几。所以在放假那会儿，他便向校方申请退学，急忙赶回了家乡。

当他走出机场以后，远远便看到前来接机的父亲。一时间，他的心中满是浓浓的亲情，或许还有些委屈、抱怨——他可从来没吃过这么多的苦。父亲看到他也很高兴，张开双臂准备拥抱良久不见的儿子。可是，就在父子即将拥抱在一起的一刹那，父亲突然一个后撤步，儿子顿时扑了个空，重重地摔倒在地。他坐在地上抬头望着父亲，心中充满了迷惑：难道父亲因为自己退学的事动了真怒？他伸出手，想让父亲将自己拉起来，而父亲却无动于衷，只是语重心长地说道："孩子你要记住，跌倒了就要自己爬起来，这个世界上没有任何一个人是你永远的依靠，跌倒了就要自己爬起来！"

听完父亲的话，他心中充满惭愧，他站起来，抖了抖身上的灰尘，接过父亲递给自己的那张返程机票。

他不远万里匆匆赶回家乡，想重温一下久违的亲情，却连家门都没有进便返回了学校。从这以后，他发奋努力，无论遇到多少困难、无论跌倒多少次，都咬着牙挺了过来。他一直记着父亲的那句话："没有任何一个人是你永远的依靠，跌倒了就要自己爬起来！"

一年以后，他拿到了学校的最高奖学金，而且还在一家具有国际影响力的刊物上发表了数篇论文。

别以为靠自己的力量不能将生命张扬，人生路上没有什么不可阻挡。别把太多的希望寄托在别人身上，没有人会永远保护你，父母终究会老去，朋友都有自己的生活，所有外来的赐予必然日渐远离，我们要学着给自己温暖和力量，遇到困难不要灰心、不要抑郁，越是孤单越要坚强，生命的负重还要你来托起。

你要懂得，没有人替你勇敢，没有人可以一辈子为你而活，所以要自己学会坚强。

坚守在心灵的乐土上

一个人的思想，一旦升华到追求崇高理想上去，就能够放宽心境，不为物累，心地无私、无欲，随时随地去享受人生，也就苦亦乐、穷亦乐、困亦乐、危亦乐了！这是没有身历过其境的人难以理解的。真正有修养、高品位的人，他们活得快乐，但所乐也并非那种贫苦生活，而是一种不受物役的"知天""乐天"的精神境界。

古人云："求名之心过盛必作伪，利欲之心过剩则偏执。"面对名利之风渐盛的社会，能够做到视名利如粪土，在简单、朴素中体验心灵的丰盈、充实，才能将自己始终置身于一种平和、淡定的境界之中。

在贵州边远山区有这样一位辛勤耕耘29年的老师，他爱岗敬业、安贫乐教，凭着对乡村教育事业的热爱、对农村孩子的无私奉献，在偏僻落后的瓮溪镇胜利村扎根安家，几十年如一日，把自己的青春和热血默默奉献给了乡村教育事业，他就是场井小学校长、县级先进教师冷应金老师。

高考落榜的他，因家境贫寒，复学无望，同许多农家子弟一样，只得过早地做起农耕。后因场井小学缺教师，他被乡政府推聘到场井小学代课。怀着对家乡的热爱、对教育事业的满腔热情，他在场井这块贫瘠的热土上，一干就是29年。29年的风风雨雨、酸甜苦辣，多少教师来了又走，而他却矢志不渝地耕耘在这片贫瘠的土地上，独享那份"仰不愧天，俯不怍地"和"得天下英才而教育之"的幸福。

有好多人不解："场井这么偏僻、落后，有什么值得留恋的呢?"他却说："场井虽然贫穷，但这里的人淳朴、善良，他们把所有的希望都寄托在孩子身上，我舍不得这些孩子呀！我同样有着一个苦难的童年，同样从贫穷和困苦中走来，是亲朋好友的资助才顺利完成了高中学业的。"

从1993年9月开始，他一直既担任场井小学校长，又负责毕业班语文教学工作。场井小学是瓮溪镇的一所较偏远的村级学校，该校位于瓮溪镇的东北部，东面以跳蹚河为界与石阡县川岩坝隔河相望，离镇政府所在地 10 公里，交通极为不便，学校条件极其艰苦，加之当地农民普遍外出打工，留守儿童、空巢老人居多，学生入学保学问题尤为突出，使教学工作的开展极为艰辛。但他只有一个梦想："将场井小学这个'家'建设好。"几十年的风雨兼程，他的信念依旧是那般坚定，无怨无悔。为此，他放弃了参加"财干"拓录的机会，也错过了调入瓮溪中学的机遇，始终如一，坚守在这一方贫穷的土地上。

他真诚地关爱每一名学生，特别是单亲家庭、贫困家庭的孩子。在学习和生活上，给予孩子们无微不至的关爱。班上同学病了，他赶紧送去医院；雨天，远路孩子不能回家，他会把孩子们安排在自己家里；冬天，看到学生冻红了小手，他会带来手套让孩子御寒；对在家不听话的留守儿童，他会利用假日进行家访……

"立足三尺讲台，塑造无悔人生"，这是他工作的座右铭。一个朴实、勤恳、清贫、地道的农家子弟，从站在讲台的第一天起，他就努力地奋斗着，希望家乡的明天会更美，更希望边远山区的孩子们能走出大山，享受更多的阳光雨露。如今，他已两鬓斑白，不再年轻，但他依然笔耕不辍，春晖在他的心头依然闪烁着。

对教育事业的挚爱，成为他人生的精神支柱，他用心中的那份赤诚、那份执着，在大山里耕耘着自己不平凡的事业。他扎根在教育一线，立足在教育基层，对教育事业一往情深、执着追求、不计得失、乐于奉献，深得师生好评、领导的肯定、社会的认同。他认为自己只是边远山村学校里一支燃烧不熄的红蜡烛，是播种知识、传承文明的继承人，是大山深处的耕种人。

人应当能够承受物质生活对身心所产生的影响。现实中的"俗人"往往因穷困而潦倒，但聪明的智者，却能随遇而安或穷益志坚，不受任何影响地充分享受人生，并且能做出一番不平凡的事业来。

有句话说："穷到极点，不是衣不蔽体，而是没有表情。"所以，当精神沉沦于物质中，你便沦为了金钱的奴隶；当物质氤氲于精神中，你才是自己的主人。

把苦难当作人生的光荣

人生的光荣，不仅仅在于舞台上的光鲜与艳丽，也不仅仅在于领奖台上的欢呼与喝彩，它更在于在舞台和领奖台下所经历的苦难和付出的汗水！

"宝剑锋从磨砺出，梅花香自苦寒来。"我们都知道，艰苦的环境会磨炼人的意志，使人不断进取；安逸舒适的环境容易消磨人的意志，最后导致人一无所成。

人的一生有无数次机遇，也会面临无数次挑战。如果没有一种良好的心态，没有坚韧不拔的斗志，将难以冲破黎明前的黑暗，只能同成功失之交臂。而把苦难当作人生的光荣，接受命运的挑战就是我们磨炼自己、施展抱负、实现梦想的最佳方法。

向命运低头，那是懦夫；向命运挑战，那才是强者。在生命的长河里，只有迎着风浪搏斗，才能迸发出最美的浪花。请记住，命运掌握在自己的手中，你可以让自己虚度一生，也可以让自己忙碌一生，你可以承认失败但不可以向命运低头。

　　有一个渔夫，经常在离潭边不远的河段里捕鱼，那是一个水流湍急的河段，雪白的浪花翻卷着，一道道的波浪此起彼伏。

　　一群经常钓鱼的年轻人感到非常奇怪。年轻人同时又觉得他很可笑，在浪大又那么湍急的河段里，连鱼都不能游稳，那又怎么会捕到鱼呢？

　　有一天，有个好奇的年轻人终于忍不住了，他放下钓竿去问渔夫："鱼能在这么湍急的地方留住吗？"渔夫说："当然不能了。"年轻人又问："那你怎么能捕到鱼呢？"渔夫笑笑，什么也没说，只是提起他的鱼篓在岸边一倒，顿时倒出一团银光。那一尾尾鱼不仅肥，而且大，一条条在地上翻跳着。年轻人一看就呆住了，这么肥这么大的鱼是他们在深潭里从来没有钓上来的。他们在潭里钓上的，多是些很小的鲫鱼和小鲦鱼，而渔夫竟然在河水这么湍急的地方捕到这么大的鱼，年轻人愣住了。

　　渔夫笑笑说："潭里风平浪静，所以那些经不起大风大浪的小鱼就自由自在地游荡在潭里，对他们来说，潭水里那些微薄的氧气就足够它们呼吸了。而这些大鱼就不行了，它们需要更多的氧气，所以没办法，它们就只有拼命游到有浪花的地方。浪越大，水里的氧气就越多，大鱼也就越多。"

　　渔夫又说："许多人都以为风大浪大的地方是不适合鱼生存的，所以他们捕鱼就选择风平浪静的深潭。但他们恰恰想错了，一条没风没浪的小河是不会有大鱼的，而大风大浪恰恰是鱼长大长肥的唯一条件。大风大浪看似是鱼儿们的苦难，恰是这些苦难使鱼儿们茁壮成长。"

　　同理，每一个成功者的背后，都有无数次的失败，都有难以回首的辛酸和血泪。但是，这些东西换回来的是最后的成功。而那些优柔寡断、意志薄弱者，却总是在抱怨和无奈中心态失衡地活着，在宿命论中寻找着安慰。

人的一生大悲大喜，起起落落，有许多偶然，但更有其必然。命运虽然总爱捉弄那些意志薄弱的人，但幸运之神却常常青睐那些勇于进取、意志坚定的强者。意志坚强，做事从不服输者，虽然饱受挫折，但最终却能领略到成功的喜悦。

在我们身边的很多人，他们虽然默默无闻，但却用辛勤的汗水与泪水谱写了自己精彩的一生。

一个女孩叫胡春香，她生下来就无手无脚，手脚的末端只是圆秃秃的肉球。8岁时，有了思想的她就想到了死，但可悲的是，她无法找到死的方法，用头撞墙，因为没有四肢支撑，在碰了几个血泡、摔得一脸模糊后还是活着；绝食，又遭到母亲怒骂："8年，我千辛万苦拉扯你8年了。"看着母亲辛酸的眼泪，她毅然决定要像正常人一样活下去。

她开始训练拿筷子，她先用一只手臂放在桌边，再用另一只手从桌面上将筷子滑过去，然后，两个肉球合在一起。她从用一根筷子开始，再到用两根筷子，日复一日，血痕复血痕。9岁那年，她终于吃到了自己用筷子夹起的第一口饭。

学会了拿筷子后，她又开始学走路，她将腿直立于地面，努力保持身体的平衡，和地面接触的部位从伤痕到血泡，从血泡到厚茧，摔倒后爬起，爬起来又摔倒，血水夹汗水，汗水夹泪水。10岁那年，她学会了走路。

也就在这年，她有了想读书的念头，在父母及老师的帮助下，她成为村上小学的一名编外生。于是，她用胶布缠在腿上，不论寒暑和风雨，都是早早到校。她用手臂的末端夹笔写字，付出比常人多数十倍的努力，从小学到初中，再到自学财务大专。

1988 年，云南的一家工厂破格录用她为会计，后来，她为了回报父母的养育之恩回到父母身边。回家后，她贩卖起了水果，再后来，她不仅成了远近闻名的孝女，而且还"贩回"一个高大健康的丈夫，膝下有一对活泼可爱的儿女，一家人温馨、甜蜜、其乐融融。

我们钦佩那些家境贫寒但却自强不息的人，更钦佩那些身体残缺，却能通过自己的不懈努力取得成就的人，我们从他们身上看到了他们向命运挑战的坚强意志。人的一生难免会遇到很多的苦难，无论是与生俱来的残缺，还是惨遭生活的不幸，但只要敢于面对苦难，自强不息，就一定会赢得掌声，赢得成功，赢得幸福，赢得光荣！

为自己喝彩

我们要学会为自己喝彩，不要在意别人的目光。要记住：自己是自我生命最重要的欣赏者。

每个人来到世上，都希望演绎出辉煌的成就和个性的自我，希望自己的风度、学识、动人歌喉或翩翩身影能得到别人的认可和掌声，但并不是每个人都能神采飞扬地处于灯光闪烁的舞台上。作为平凡的个体，大多数人只能在舞台后呢喃自己的独白，没有人关注，没有人在意，没有人给予簇拥的鲜花和热烈的掌声与喝彩。

有些人往往感叹自己的平庸，妒羡别人的优秀。其实，鲜花诚然美丽，掌声固然醉人，但它只能肯定某些人的成就，无法否定多数人价值。只要活出一个真真实实的自我，即使所有的人都把目光投向别处，你还拥有最后一个观众，你还可以为自己喝彩。

为自己喝彩，首先就要认清自己，了解自己。为自己喝彩，不必有半点的矜持和骄傲，完全可以大大方方、潇潇洒洒，只要你相信自己。为自己喝彩，不是自我陶醉，不是故弄玄虚，不是阿Q精神，而是一种高昂的人生境界。

也许你是一只锻烧失败、一面世就遭冷遇的瓷器，没有凝脂样的釉色，没有龙凤呈祥的花纹；当你摒弃杂质，从泥坯变为瓷器的时候，你的生命已在烈火中变得灼人而美丽，你应为此而欣慰。

也许你是一块矗立于山中终生遭受日晒雨淋的顽石。丑陋不堪并且平凡无奇，在沧海桑田的变迁中，被人永久地遗忘在乱石蒿草之间；你同样应该自豪，因为你仰视天宇傲对霜雪，站成了属于你自己的独立的姿态，不随意倒下也不黯然消失，便是你内在的价值。

也许你只是一朵日益凋零的小花，只是一片被秋风撩起的落叶，只是一张被人不经意揉皱了白纸，只是一片悠悠的云彩，只是一阵无形无影的清风，或者只是任何人眼中匆匆的一瞥和嘴角边轻轻地一声叹惋，但你仍可以为你曾经有过的存在而自慰，你仍然可以为自己喝彩。

曾获得世界冠军的羽毛球选手熊国宝一次接受采访，记者照惯例问他："你能赢得世界冠军，最感谢哪个教练的栽培？"

熊国宝想了想，坦诚地说："如果真要感谢的话，我最该感谢的是自己的栽培。就是因为没有人看好我，只有我自己看好我自己，我才有今天。"

原来，在熊国宝入选国家代表队时，只是个绿叶的角色，虽然球打得不错，但从来没有被视为能为国争光的人选。他沉默寡言，年纪又比最出色的选手大了些，没有一点运动明星的样子，教练选了他，并不是要栽培他，只是要他陪明星选手练球。有许多年的时间，他每天打球的时间都比别人长很多，因为他是很多队友的最佳练球对象。拍子线断了，他就换一条线，鞋子破了补一块橡胶，球衣破了就补块布，零下十几摄氏度的冬天，他依然早上 5 点去晨跑练体力。做这些事，他并不在意，因为他知道自己一定能行。

有一年他垫档入选参加世界大赛时，第一场就遇到最强劲的对手，大家都当他是去当"牺牲打"的，没有人在意他会不会打赢，没想到他竟然势如破竹般一路赢了下去，甚至赢了教练心中最有希望夺冠的队友，得到了世界冠军，一战成名。

没有伯乐，熊国宝一样证明了自己是千里马。无论别人怎么看他，他都一直在心里为自己喝彩，如果连他自己都不为自己喝，又如何能够熬过通往冠军之路上的艰辛和痛苦呢？

从呱呱坠地，我们便开始一路风雨、一路艰辛地走着。风雨总是时刻考验着你，有时它将你五彩缤纷的梦撞碎，有时它将你的苦心经营当作泡影放飞，有时路途中突下一阵苦雨，突刮一阵寒风，但无论对谁，生活都是公平的，人生的不同实际在于对自己的态度。

所以，为自己喝彩吧！鼓起勇气，梳理梦想，去完成你的使命，你的光荣。笑对沧桑，看云卷云舒；去留无意，观庭前花开花落。为自己喝彩，人生的旅途中终有一盏明灯指引着你走过水深火热、泥泞沼泽，走进繁花似锦、丽日阳春。

在生活中我们总习惯于为别人喝彩，羡慕别人的成功，而对自己一些突出的优点视而不见，不以为然。于是喝彩也因寂寞而悄然离去，只剩下低头丧气的自己。有一首歌中唱道："你我走上舞台，唱出心中的爱，迈出青春节拍，为我们的明天喝彩。"这首歌唱得多好，它激起我们对未来的热情与向往，敢于为自己美好的青春与活力高歌，让悦人的掌声为自己响起来，让我们大胆地为自己喝彩！

人生是寂寞、坎坷、孤零的一段旅程，在百年的行程中是常需对自己喝一声彩的。为自己喝声彩，它就会给你带来一声号角、一杆旗帜，犹如一盏灯、一副拐杖、一对翅膀，引领着你向前走，走过一个个的坎，经受住一次次考验，重踏脚下的那方土，走出一条成功之路。

唤醒自己的潜能

每个人都是被遮蔽的天才，一旦你体内酣睡着的不可估量的潜能被激发出来，你会发现世界上并没有你战胜不了的困难。

国际知名的潜能开发大师迈可葛夫说过："你带着成为天才人物的潜力来到人世，每个人都是如此。"每个人都有着巨大的潜能，善于发现并挖掘它，它就能为你所用。忽视或遗忘它的存在，它便沉睡在生命的角落。许多人连做梦也想不到在自己的身体里蕴藏着那么大的潜能，有着能够彻底改变他们一生的力量。

对于人类所拥有的无限潜能，迈可葛夫曾讲过这样一个小故事：

一位已被医生确定为残疾的美国人，名叫梅尔龙，靠轮椅代步已 12 年。他的身体原本很健康，19 岁那年，他赴越南打仗，被流弹打伤了背部的下半截，被送回美国医治，经过治疗，他虽然逐渐康复，却没法行走了。

他整天坐在轮椅上，觉得此生已经完结，就借酒消愁。有一天，他从酒馆出来，照常坐轮椅回家，却碰上三个劫匪，动手抢他的钱包。他拼命呐喊拼命抵抗，却触怒了劫匪，他们竟然放火烧他的轮椅。轮椅突然着火了，梅尔龙忘记了自己是残疾，他拼命逃走，竟然一口气跑完了一条街。事后，梅尔龙说："如果当时我不逃走，就必然被烧伤，甚至被烧死。我忘了一切，一跃而起，拼命逃跑，及至停下脚步，才发觉自己能够走动。"现在，梅尔龙已在奥马哈城找到了一份职业，他身体健康，与常人一样走动。

人的潜能犹如一座待开发的金矿，蕴藏无穷，价值无比，而我们每个人都有这样一座潜能金矿。但是，由于各种原因，每个人的潜能从没得到淋漓尽致地发挥。潜能是人类最大而又开发得最少的宝藏！无数事实和许多专家的研究成果告诉我们：每个人身上都有巨大的潜能还没有开发出来。

1960 年，哈佛大学的罗森塔尔博士曾在加州一所学校做过一个著名的实验。新学年开始时，罗森塔尔博士让校长把三位教师叫到办公室，对他们说："根据你们过去的教学表现，你们是本校最优秀的老师。因此，我特意挑选了 100 名全校最聪明的学生组成三个班让你们教。这些学生的智商比其他孩子都高，希望你们能让他们取得更好的成绩。"

三位老师都高兴地表示一定尽力。校长又叮嘱他们，对待这些孩子，要像平常一样，不要让孩子或孩子的家长知道他们是被特意挑选出来的，老师们都答应了。

一年之后，这三个班的学生成绩果然排在整个学区的前列。这时，校长告诉了老师们真相：这些学生并不是刻意选出的最优秀的学生，只不过是随机抽调的最普通的学生。教师也不是特意挑选出的全校最优秀的教师，不过是随机抽调的普通老师罢了。

可见，每一个人都能做到最好，你所要做的，就是充分发挥自己的潜能，奔向自己的目的地。正如爱默生所说："我所需要的，就是去做我力所能及的事情。"

美国学者詹姆斯根据其研究成果说：普通人只开发了他蕴藏能力的1/10，与应当取得的成就相比较，我们不过是半醒着的。我们只利用了我们身心资源的很小很小的一部分。要是人类能够发挥一大半的大脑功能，那么可以轻易地学会40种语言、背诵整本百科全书、拿12个博士学位。这种描述相当合理，一点也不夸张。所以说，并非大多数人命中注定不能成为"爱因斯坦"，只要发挥了足够的潜能，任何一个平凡的人都可以成就一番惊天动地的伟业，都可以成为另一个"爱因斯坦"。

世界顶尖潜能大师安东尼·罗宾指出，人在绝境或遇险的时候，往往会发挥出不寻常的能力。人没有退路，就会产生一股"爆发力"，即潜能。

一位农夫在谷仓前面注视着一辆轻型卡车快速地开过他的土地。他14岁的儿子正开着这辆车，由于年纪还小，他还不够资格考驾驶执照，但是他对汽车很着迷，而且已经能够操纵一辆车子，因此农夫就准许他在农场里开这辆客货两用车，但是不准上外面的路。

　　但是突然间，农夫眼见汽车翻到了水沟里去，他大为惊慌，急忙跑到出事地点。他看到沟里有水，而他的儿子被压在车子下面，躺在那里，只有头的一部分露出水面。这位农夫并不高大，只有170厘米高，70公斤重。

　　但是他毫不犹豫地跳进水沟，把双手伸到车下，把车子抬了起来，足以让另一位跑来援助的工人把那失去知觉的孩子从下面拽出来。

　　当地的医生很快赶来了，给男孩检查一遍，发现男孩只有一点皮肉伤，其他毫无损伤。

　　这个时候，农夫开始觉得奇怪了起来，刚才他去抬车子的时候根本没有停下来想一想自己是不是抬得动，由于好奇，他又去试了一次，结果根本就动不了那辆车子。医生解释说身体机能对紧急状况产生反应时，肾上腺就大量分泌出激素，传到整个身体，产生出额外的能量。

　　由此可见，一个人通常都有极大的潜能。农夫在危急情况下产生一种超常的力量，并不仅是肉体反应，它还涉及到心智的精神的力量。当他看到自己的儿子可能要淹死的时候，他的心智反应是要去救儿子，一心只要把压着儿子的卡车抬起来，而再也没有其他的想法。可以说是精神上的肾上腺引发出潜在的力量，而如果需要更大的体力，心智状态还可以产生出更大的力量，即潜能。

　　人的潜能是无限的，关键在于认识自己、相信自己，发挥自己的力量。每一个人都没有发挥自己的潜能，只有在大责任、大变故或生命危难之时，才能把它催唤出来，而这催唤之人就是你自己。

果断出手才能抓住机遇

生活中，有很多人都喜欢哀叹命运的不公，认为别人遇到的都是四月的艳阳天，而自己碰到的则是腊月的寒冬天，然后感慨自己怀才不遇、生不逢时。但事实真的是这样吗？显然不是，上帝是公平的，他给每一个人的机会都是均等的，只是能抓住机会，并为自己所用的人太少罢了。

机遇真的是很奇妙的东西，就像小偷一样，来的时候没有踪影，但只要离开了，必定会让你有不小的损失。抓住机遇的人，可以凭着这个转折点，开创自己的辉煌人生，成为人中龙凤；但大多数人都没能抓住机遇，最后只能碌碌无为地过一生。

19 世纪中期，美国西部悄然兴起一股淘金热潮，成千上万幻想能一夜暴富的人涌向那里寻找金矿。在这些幻想发财的人中间，有一个叫瓦浮基的十来岁的孩子，他是因为家里穷，跑到这来碰运气的。因为没钱买车票，小男孩只能跟着大篷车，一路上忍饥挨饿，等他到西部的时候，那里已经聚集了不少人了。

不久之后，他辗转来到了金矿更多的奥斯汀。这里有个很严重的问题就是气候干燥、十分缺水。有时候找金子的人在火热的土地上拼死干了一天之后，连一滴滋润嘴唇的干净水都没有。所以水成了这个地方的人最渴求的东西，水的价值被不断哄抬，已经到了一块金币换一壶凉水的地步！就在那些找金子的人发牢骚的时候，瓦浮基从中看到了无限商机。他想要是自己能弄到干净的水，然后把水卖给找金子的人，说不定比找金子赚钱更容易。他看了看自己，身单力薄，论挖矿，绝对比不上别人，要不然也不会来了这么些天还一无所获了。不过如果自己改变方向去挖渠找水，那么他还是可以做得到的。

说做就做，瓦浮基找来铁锹，正式开始挖井打水。等井出水后，他又将凉水过滤，这样就可以饮用清凉可口的水了。他把这些饮用水卖给了那些找金子的人，不到一个月的时间，他就赚到了第一桶金。后来，他继续努力，成为了美国小有名气的企业家。

去美国西部之前，谁又能料到，那些不分白天黑夜辛苦找金矿想发财的人没有发大财，却合力造就了一个百万富翁呢？每个人的一生中都有成功的机会，但是最后成功的却只有少数，这不是因为那些没有成功的人没有能力，也不是因为他们没有理想，不愿为此付出代价，而是因为他们缺乏成功的关键因素——抓住机遇的能力。

老天给每个人的机遇都是公平的，关键是你能不能果断出手，抓住机遇。只有果断出手，牢牢把握机遇，并能在机遇中找到发展的商机，才能最终走向成功。

成功的大门是向每个人都敞开着的，每个人都能创造机遇，都有改变命运获得成功的机会。而要想获得成功，就必须善于捕捉，不断创造机会，只有做出努力，付出牺牲，理想才能变成现实。